新手入门！轻松辨识566种常见花卉！

四季花卉图鉴

赵春莉 编著

黑龙江科学技术出版社
HEILONGJIANG SCIENCE AND TECHNOLOGY PRESS

图书在版编目（CIP）数据

四季花卉图鉴 / 赵春莉编著 . -- 哈尔滨 : 黑龙江科学技术出版社 , 2018.1

ISBN 978-7-5388-9327-4

Ⅰ . ①四… Ⅱ . ①赵… Ⅲ . ①花卉 – 图集 Ⅳ . ① S68-64

中国版本图书馆 CIP 数据核字 (2017) 第 187879 号

四季花卉图鉴

SIJI HUAHUI TUJIAN

编　　著　赵春莉
责任编辑　刘　杨
策划编辑　深圳市金版文化发展股份有限公司
封面设计　深圳市金版文化发展股份有限公司
出　　版　黑龙江科学技术出版社
　　　　　地址：哈尔滨市南岗区公安街 70-2 号　邮编：150007
　　　　　电话：（0451）53642106　传真：（0451）53642143
　　　　　网址：www.lkcbs.cn www.lkpub.cn
发　　行　全国新华书店
印　　刷　深圳市雅佳图印刷有限公司
开　　本　720 mm × 1020 mm　1/16
印　　张　10
字　　数　150 千字
版　　次　2018 年 1 月第 1 版
印　　次　2018 年 1 月第 1 次印刷
书　　号　ISBN 978-7-5388-9327-4
定　　价　39.80 元

目录 Contents

春天 Spring

夏天 Summer

秋天 Autumn

冬天 Winter

如何使用本书

本书是选择和辨认常见花卉的快速指南。

《四季花卉图鉴》一书包含了常见花卉96科，566种，主要选择各地区较常见的花卉。先按照开花时间分为春、夏、秋、冬四季花卉，再根据花卉的科属进行分类，每个科都有代表种。

全书在描写每种花卉时，主要介绍了花卉的中文名、学名、花卉所在的科属及形态特征，并且每一种下面都配有一张开花时的图片。在此基础上再辅以花色、花期的标识，使读者了解花卉的花相、花色、花香等观赏特性。

读者在使用本书时，先根据花卉的开花时间确定在哪个季节，然后根据植物的科名逐个查询，便可在目录中找到查询的花卉；或者直接根据花卉的中文名首字母在索引中查询。

本书使用方法

花期：
全年 12 个月，对该物种的花期用粉红色扇形进行标注，从上方右起第一个扇形表示“1 月”，顺时针依次表示“1-12 月”

物种中文名称：
中国地区常用的中文俗名

学名：
由植物品种的拉丁文名组成，通常以二名法表示。由属名和物种名组成，并且在正式书写时，字体应为斜体或粗体，还要有学名的命名人

植物特征：
描述植物的花、果、叶等基本特征

花色：
简述每个物种开花时，色彩最鲜艳的花瓣、花冠、花被的颜色。颜色依次有：红、黄、蓝、紫、粉红、白等

检索书眉：
开花季节说明，且以代表四季的颜色来区分，四季颜色分类依次为：
春天：
夏天：
秋天：
冬天：

植物所属科名

植物所属属名

老鸦瓣

Tulipa edulis

科名 百合科 属名 郁金香属
形态特征 多年生草本，鳞茎球形，外层鳞茎皮纸质，灰棕色。叶片条形，只 1 对。花葶一或二枝从叶片中间抽出，花顶生，6 片花瓣，矩圆状披针形，外面有紫色脉纹。

郁金香
Tulipa gesneriana

科名 百合科 属名 郁金香属
形态特征 多年生草本，鳞茎卵形。叶片条状披针形，革质。花葶从叶中间抽出，花单生顶端，大而艳丽，外层花瓣椭圆形，前端尖，内层花瓣较短，前端钝。

补血草
Limonium sinense

科名 白花丹科 属名 补血草属
形态特征 多年生草本，茎的基部粗壮，多头分枝。叶基部呈莲花座状，叶片长圆状披针形。穗状花序排列成圆锥状或伞房状，穗轴呈二棱形，花萼为漏斗形。

报春花
Primula malacoides

科名 报春花科 属名 报春花属
形态特征 二年生草本，叶片在茎基部丛生，有多个浅裂，裂片叶缘呈不整齐锯齿状。花葶上有多轮伞形花序，每轮花序由 4~20 朵小花组成，花冠檐有 2 个深裂或多个浅裂，形态自然。

春天 百合科 白花丹科 报春花科

003

春天

Spring

吊兰

Chlorophytum comosum

科名：百合科　属名：吊兰属

形态特征：多年生草本，有短且稍肥厚的根状茎。剑形叶绿色，或有黄色条纹。有花葶，常演变成匍匐枝；花白色，2~4 朵生长在一起，组合成圆锥形。

风信子

Hyacinthus orientalis

科名：百合科　属名：风信子属

形态特征：多年生草本，有球形的地下茎。叶比较厚，呈披针形。花生于顶端，总状花序顶生在花葶中间；上面密生横向生长的小花。色彩鲜艳。

葡萄风信子

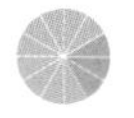

Muscari botryoides

科名：百合科　属名：风信子属

形态特征：多年生草本，有鳞茎。叶片线形，有点肉质感，暗绿色。花茎从叶中间抽出，花梗下垂，上面长满了串铃小花。花冠像小坛，顶端紧缩。颜色种类多。

山菅

Dianella ensifolia

科名：百合科　属名：山菅属

形态特征：多年生草本，有横走的根状茎。叶片线状披针形，有锯齿。圆锥花序顶生，花常多朵生于侧枝上端，花瓣披针形，向外伸展至反折，花丝线形。浆果球形，深蓝色。

老鸦瓣

Tulipa edulis

科名：百合科　属名：郁金香属

形态特征：多年生小草本，鳞茎卵圆形，外层鳞茎皮纸质，灰棕色。叶片条形，只 1 对。花葶一或二枝从叶片中间抽出，花顶生，6 枚花瓣，矩圆状披针形，外面有紫色脉纹。

郁金香

Tulipa gesneriana

科名：百合科　属名：郁金香属

形态特征：多年生草本，鳞茎卵形。叶片条状披针形，革质。花葶从叶中间抽出，花单生顶端，大而艳丽，外层花瓣椭圆形，前端尖，内层花瓣较短，前端钝。

补血草

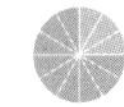

Limonium sinense

科名：白花丹科　属名：补血草属

形态特征：多年生草本，茎的基部粗壮，多头分枝。叶基部呈莲花座状，叶片长圆状披针形。穗状花序排列成圆锥状或伞房状，穗轴呈棱形，花萼为漏斗形。

报春花

Primula malacoides

科名：报春花科　属名：报春花属

形态特征：一年生草本，叶片在茎基部丛生，有多个浅裂，裂片叶缘呈不整齐锯齿状。花葶上有多轮伞形花序，每轮花序由 4~20 朵小花组成，花冠檐有 2 个深裂或多个浅裂，形态自然。

鄂报春

Primula obconica

科名：报春花科　属名：报春花属

形态特征：多年生草本，全株有毛。叶片丛生于茎基部，卵圆形或长圆形，叶缘浅波状或具小齿。伞形花序上有多朵小花，花萼杯状，黄色，花冠 5，常 2 裂。

韩信草

Scutellaria indica

科名：唇形科　属名：黄芩属

形态特征：多年生草本，茎深紫色，上有柔毛。叶卵圆形，两面有毛。总状花序顶生，花冠檐 2 唇形，上唇内凹，下唇浅裂，有深紫色斑点。有卵状小坚果，暗褐色。

筋骨草

Ajuga ciliata

科名：唇形科　属名：筋骨草属

形态特征：多年生直立草本，根部膨大，茎四棱形，无毛。叶片狭椭圆形，叶缘具重锯齿。顶生聚伞状花序排列成穗状，花萼漏斗状，花冠檐 2 唇形，上唇较短，微缺，下唇具 3 中裂，向外伸长，花丝伸出。

一串红

Salvia splendens

科名：唇形科　属名：鼠尾草属

形态特征：多年生草本，茎四棱形，有较浅的凹槽。叶片纸质，卵状三角形。总状花序顶生，花苞片卵形，花萼钟形，花冠直伸，冠檐 2 唇形，上唇长圆形，下唇 3 裂，中裂片半圆形，侧裂片长卵圆形，比中裂片长。

朱唇

Salvia coccinea

科名：唇形科　　属名：鼠尾草属

形态特征：一年生或多年生草本。茎四棱形，多分枝。叶片卵状三角形，草质。轮伞状花序组成疏离的总状花序，花萼筒状钟形，花冠檐 2 唇形，上唇伸直，微凹，下唇打开，有深裂，花柱伸出，稍膨大。

夏枯草

Prunella vulgaris

科名：唇形科　　属名：夏枯草属

形态特征：多年生草本，具匍匐茎，节上有须根。叶片长圆状卵形，边缘波状齿或全缘。轮伞状花序组成假穗状花序，苞片近卵形，花萼钟状，花冠檐 2 唇形，上唇近圆形，下唇中裂，中裂片边缘有流苏状小裂片。

木油桐

Vernicia montana

科名：大戟科　　属名：油桐属

形态特征：落叶乔木，树皮上有凸起状皮孔。叶片阔卵形，全缘或 2~3 裂。花腋生，花瓣倒卵形，上有紫红色的脉纹。核果卵球形，种皮较厚。

大狼毒

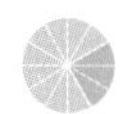

Euphorbia jolkinii

科名：大戟科　　属名：大戟属

形态特征：多年生草本，分枝多。叶片卵状椭圆形，全缘；总苞叶阔卵形，苞叶近圆形。伞形花序单生于二歧分枝的花序轴上，总苞钟状，边缘 4 裂，花伸出总苞外。

刺槐

Robinia pseudoacacia

科名：豆科　属名：刺槐属

形态特征：落叶乔木，树皮灰褐色至黑褐色，上有纵深裂纹。奇数羽状复叶，小叶片椭圆形，全缘。腋生总状花序呈悬垂状，花多朵，具芳香。荚果褐色或具红褐色斑纹，线状长圆形。

刺桐

Erythrina variegata var.orientalis

科名：豆科　属名：刺桐属

形态特征：落叶乔木，树皮灰色，枝条上有明显叶痕，具黑色直刺。羽状复叶密生枝顶，小叶宽卵形。顶生总状花序，花对生，花萼佛焰苞状，花冠红色。荚果圆柱形，稍弯。

含羞草

Mimosa pudica

科名：豆科　属名：含羞草属

形态特征：亚灌木状草本，茎多分枝，有散生钩刺。常具 2 对羽片，小叶多对，线状长圆形，叶片和羽片碰一下会闭合下垂。圆球形头状花序腋生，花数量多且小。荚果长圆形。

台湾相思树

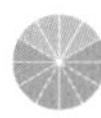

Acacia confusa

科名：豆科　属名：金合欢属

形态特征：常绿乔木，树皮褐色。幼时羽状复叶的小叶片长大后会退化，叶柄变成叶状，线形。头状花序球形腋生，有香味。荚果扁平有光泽。

锦鸡儿

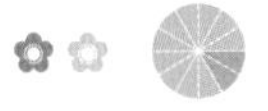

Caragana sinica

科名：豆科　　属名：锦鸡儿属

形态特征：落叶灌木，树皮深褐色。羽状复叶，上有小叶 2 对，倒卵形；托叶和叶轴硬化为针刺，或叶轴脱落。蝶形花单生于叶腋，花萼钟状。荚果圆筒形。

猫尾草

Uraria crinita

科名：豆科　　属名：狸尾豆属

形态特征：直立亚灌木，分枝较少。奇数羽状复叶，小叶卵状披针形或长椭圆形，全缘。顶生总状花序，花多朵，花萼浅杯状，浅紫色，花冠向上伸展，紫色。

白花油麻藤

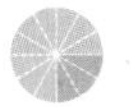

Mucuna birdwoodiana

科名：豆科　　属名：黧豆属

形态特征：常绿、大型木质藤本，外皮灰褐色，皮孔褐色。羽状复叶上有 3 片小叶，近革质，椭圆形或倒卵圆形。腋生总状花序，花萼杯状，花冠似牛角。

中国无忧花

Saraca dives

科名：豆科　　属名：无忧花属

形态特征：乔木，树皮灰棕色。偶数羽状复叶，叶片呈下垂状，小叶革质，长倒卵形或长圆状披针形。花序轴从叶腋抽出，花序较大；花黄色，下部分会变红；花丝伸出，花药长圆形。

红花羊蹄甲

Bauhinia blakeana

科名：豆科　　属名：羊蹄甲属

形态特征：常绿乔木，有多个分枝。叶片近圆形或宽卵形，前端中浅裂。总状花序顶生或腋生，花萼佛焰状，上有淡绿色纹路，花瓣倒披针形，雄蕊丝状，纤细。

首冠藤

Bauhinia corymbosa

科名：豆科　　属名：羊蹄甲属

形态特征：木质藤本，枝较细，卷须常成对，但也有单生。叶片近圆形，深裂，纸质，两面无毛。顶生总状花序由伞房花序组成，花数量多，香味浓，花瓣近圆形，边缘皱褶。荚果带状长圆形，扁平。

短萼仪花

Lysidice brevicalyx

科名：豆科　　属名：仪花属

形态特征：乔木，树皮灰暗褐色。偶数羽状复叶，小叶倒卵状长圆形或卵状披针形，全缘。圆锥花序顶生，花瓣倒卵形，雄蕊伸出，较长。荚果长圆形，成熟后开裂。

银合欢

Leucaena leucocephala

科名：豆科　　属名：银合欢属

形态特征：灌木或小乔木，皮孔明显。二回羽状复叶，小叶线形，叶缘有短柔毛。腋生头状花序，呈球状，苞片早落，花萼前端有5小齿，花瓣狭倒披针形。荚果带状，扁平。

鲁冰花

Lupinus micranthus

科名：豆科　　属名：羽扇豆属

形态特征：多年生直立草本，基部分枝。掌状复叶，小叶椭圆状倒披针形，常无毛。顶生总状花序，花互生，数量多且密集，花萼 2 唇形，上唇有 2 尖，下唇全缘。荚果长圆形，具绢毛。

喙荚云实

Caesalpinia minax

科名：豆科　　属名：云实属

形态特征：有刺藤本，全株有毛。二回羽状复叶，小叶椭圆形或长圆形。顶生总状花序，花萼密生黄色柔毛，花瓣倒卵形，基部合生。荚果长圆形，有喙。

云实

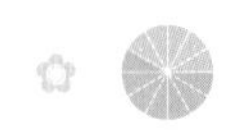

Caesalpinia decapetala

科名：豆科　　属名：云实属

形态特征：攀缘性落叶灌木，树皮暗红色，全株具钩刺。二回羽状复叶，小叶长圆形，膜质。顶生总状花序，花多，花萼长圆形，花瓣倒卵形，膜质，会向外卷。荚果长圆形，褐色。

紫荆

Cercis chinensis

科名：豆科　　属名：紫荆属

形态特征：落叶灌木，枝灰白色。叶基部心形，先端急尖，全缘。先花后叶，但在幼枝上同期开放，花簇生于老枝或枝干上，在主干上尤其多，越往上越少。荚果扁而长。

紫藤

Wisteria sinensis

科名：豆科　　属名：紫藤属

形态特征：木质藤本，枝粗壮，茎右旋。奇数羽状复叶，小叶卵状披针形，纸质。先花后叶，总状花序下垂，花冠檐 2 唇形，上唇具 2 钝齿，下唇 3 齿，卵状三角形。荚果倒披针形，不落。

杜鹃

Rhododendron simsii

科名：杜鹃花科　　属名：杜鹃属

形态特征：落叶灌木，分枝多。叶片卵形或倒卵形，边缘稍外卷，常密生在枝顶。花顶生，常几朵簇生，花萼 5 深裂，裂片长卵状三角形，花冠漏斗形，5 裂片，雄蕊和花柱伸出。蒴果卵圆形，有毛。

锦绣杜鹃

Rhododendron pulchrum

科名：杜鹃花科　　属名：杜鹃属

形态特征：半常绿灌木，枝条展开，呈浅灰棕色。叶片长圆状披针形，薄革质，边缘外卷，全缘。顶生伞形花序，花萼绿色，5 深裂，裂片披针形；花冠阔漏斗状，5 裂片，上有深红色斑点。

马银花

Rhododendron ovatum

科名：杜鹃花科　　属名：杜鹃属

形态特征：常绿灌木，小枝灰褐色。叶片椭圆状卵形，革质，有光泽。花单朵腋生，萼片卵圆形，5 深裂；花冠 5 深裂，裂片阔倒卵形，内面有粉红色斑点。蒴果卵球形，有毛。

凸叶杜鹃

Rhododendron pendulum

科名：杜鹃花科　　属名：杜鹃属

形态特征：常绿附生灌木，呈蜿蜒状，小枝有毛。叶片卵形，呈拱起状，边缘稍外卷。总状或伞形花序顶生，花萼 5 裂，裂片长圆状倒卵形，花冠漏斗状钟形。蒴果卵形，有毛。

马醉木

Pieris formosa

科名：杜鹃花科　　属名：马醉木属

形态特征：灌木或小乔木，树皮棕褐色。叶片椭圆状披针形，革质，聚生枝顶。花序总状或圆锥状，直立或下垂，花冠坛状，前端有 5 浅裂，裂片近圆形。蒴果扁球形，无毛。

海桐

Pittosporum tobira

科名：海桐花科　　属名：海桐花属

形态特征：常绿灌木，幼枝上有小皮孔。叶片倒卵形，革质，叶面发亮。伞形花序近顶生，萼片卵形，花瓣倒披针形，离生。蒴果卵形，有毛。

虎耳草

Saxifraga stolonifera

科名：虎耳草科　　属名：虎耳草属

形态特征：多年生草本，有匍匐枝。基生叶片近心形，叶缘有多个浅裂，裂片边缘有不规则齿牙；茎生叶披针形，有毛。圆锥状聚伞状花序，萼片卵形，开花时向外卷；花瓣 5 枚，3 枚较小，卵形，2 枚较大，披针形。

大花溲疏

Deutzia grandiflora

科名：虎耳草科　　属名：溲疏属

形态特征：灌木，枝条紫褐色或灰褐色，花枝黄褐色。叶片椭圆状卵形，纸质，叶缘有不规则的锯齿。花 2~3 朵组成聚伞状花序，花萼筒浅杯状，花瓣 5 枚，卵形；雄蕊在外，雌蕊在内，排列在花中央。

顶花板凳果

Pachysandra terminalis

科名：黄杨科　　属名：板凳果属

形态特征：亚灌木，根呈茎状，横卧，上有长须状不定根。叶片菱状倒卵形，薄革质，叶缘上部有锯齿。顶生总状花序，花序轴上雄花居多，苞片和萼片阔卵形，花柱受粉后向外伸展。

红鸡蛋花

Plumeria rubra

科名：夹竹桃科　　属名：鸡蛋花属

形态特征：落叶小乔木，枝条具丰富乳汁。叶片长圆状披针形，较厚，全缘。花梗三歧分枝，花序着生顶端呈聚伞状，萼片宽卵形，花冠裂片椭圆，冠筒圆筒状。

萝芙木

Rauvolfia verticillata

科名：夹竹桃科　　属名：萝芙木属

形态特征：灌木，树皮灰白色，分枝多，小枝绿色。叶片长圆形或披针形，沿中间叶脉下凹。聚伞状花序腋生，花萼 5 裂，裂片三角形；花冠高脚蝶形，中部膨大，花较小。

络石

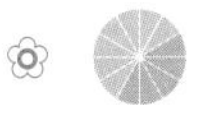

Trachelospermum jasminoides

科名：夹竹桃科　　属名：络石属

形态特征：常绿木质藤本，茎红褐色，具皮孔。叶片卵状椭圆形，无毛。聚伞状花序多朵组成圆锥状，具芳香；花萼5深裂，裂片披针形，前端外卷，花冠筒圆筒状，中部膨大。

蔓长春花

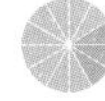

Vinca major

科名：夹竹桃科　　属名：蔓长春花属

形态特征：蔓性半灌木，茎偃卧，花茎直立。叶片椭圆形，先端急尖。花单生于叶腋，花萼裂片狭披针形，花冠筒漏斗状，花冠裂片倒卵形。

清明花

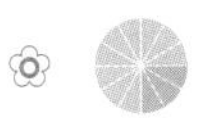

Beaumontia grandiflora

科名：夹竹桃科　　属名：清明花属

形态特征：高大藤本，茎上有皮孔。叶片长圆状倒卵形，渐尖。顶生聚伞状花序，花萼裂片长圆状披针形，花冠裂片卵圆形，开花时向外卷。

莪术

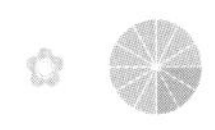

Curcuma zedoaria

科名：姜科　　属名：姜黄属

形态特征：多年生草本，肉质根状茎圆柱形。叶片长椭圆形，中间有紫斑。花葶先叶从根茎抽出；花序穗状，花苞下部绿色，往上逐渐变为紫色；花萼3裂，白色；花冠裂片长圆形，黄色。

郁金

Curcuma aromatica

科名：姜科　属名：姜黄属

形态特征：多年生草本，有肉质的根状茎。叶互生，叶片长圆形。花葶先叶或与叶同期生出，穗状花序排列成圆柱形，下部花苞绿色，开花，上部苞片淡红，不开花；花冠漏斗状，裂片长圆形。

艳山姜

Alpinia zerumbet

科名：姜科　属名：山姜属

形态特征：草本植物。叶片披针形，先端尖，叶缘呈波浪状，无锯齿，叶背有凸出叶脉。圆锥花序腋生，穗状呈下垂状，小苞片椭圆形，唇瓣匙状宽卵形。

红花檵木

Loropetalum chinense var. *rubrum*

科名：金缕梅科　属名：檵木属

形态特征：常绿灌木，分枝多，常有毛。叶卵形，全缘，两面有毛。花几朵簇生，和新叶一同抽出或先于新叶抽出，苞片线形，萼筒杯状，花瓣 4 枚，带状线形。蒴果近卵圆形，有绒毛。

檵木

Loropetalum chinense

科名：金缕梅科　属名：檵木属

形态特征：常绿灌木或小乔木，分枝多，小枝上常有毛。叶卵形，全缘，两面有毛。花簇生，常和新叶一同抽出，苞片线形，萼筒杯状，花瓣 4 枚，线形。蒴果卵圆形，有绒毛。

金缕梅

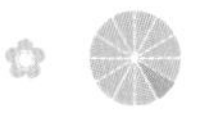

Hamamelis mollis

科名：金缕梅科　属名：金缕梅属

形态特征：落叶灌木或小乔木，老枝光滑，小枝有毛。叶片阔卵圆形，先端急尖，两面有毛。腋生头状花序，萼片卵形，花瓣线形。蒴果卵圆形，有毛。

三色堇

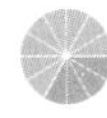

Viola tricolor

科名：堇菜科　属名：堇菜属

形态特征：一年生或多年生草本，地上茎粗壮，分枝多。基生叶披针形，茎生叶长圆形，叶缘具锯齿。花梗从叶腋生出，花大，花瓣 3 枚，通常一朵花会有三种颜色。蒴果椭圆形，无毛。

紫花地丁

Viola philippica

科名：堇菜科　属名：堇菜属

形态特征：多年生草本，根状茎短，地上茎近无。叶基生呈莲花座状，下部叶较小，狭卵形，中上部叶较长，长卵状圆形。花梗比叶片稍高，花萼卵状披针形，花瓣倒卵形，开放时向外卷曲。

佛甲草

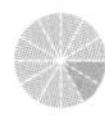

Sedum lineare

科名：景天科　属名：景天属

形态特征：多年生草本。叶线形，肉质，3~4 叶轮生。顶生聚伞状花序，萼片线状披针形，花瓣 5 枚，披针形；雄蕊比花瓣短，生于花瓣上。种子小。

伽蓝菜

Kalanchoe laciniata

科名：景天科　　属名：伽蓝菜属

形态特征：多年生直立草本。在茎中部的叶片羽状深裂，裂片线形或线状披针形，边缘有浅裂。圆锥状聚伞状花序，萼片披针形，花冠高脚蝶形，深 4 裂。

半边莲

Lobelia chinensis

科名：桔梗科　　属名：半边莲属

形态特征：多年生小草本，茎匍匐。叶片长圆形或条形，前端急尖，全缘。花单朵生于叶腋，花萼筒倒圆锥状，花冠深裂，侧裂片披针形，中裂片宽披针形。

雏菊

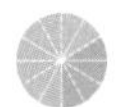

Bellis perennis

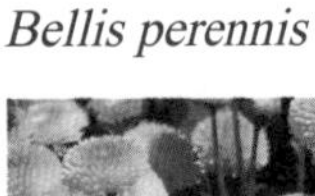

科名：菊科　　属名：雏菊属

形态特征：多年生矮小草本。叶片在基部聚生，匙形，叶缘有波状齿或疏钝齿。单生头状花序，总苞片 2 层，舌状花 1 层，长椭圆形。瘦果倒卵形，扁平。

瓜叶菊

Pericallis hybrida

科名：菊科　　属名：瓜叶菊属

形态特征：多年生直立草本。叶片阔心形，边缘有不规则浅裂或钝锯齿，具掌状叶脉，下凹。头状花序在枝顶排列成伞房状，总苞钟状，舌片开展，长椭圆形。

苦荬菜

Ixeris polycephala

科名：菊科　属名：苦荬菜属

形态特征：多年生草本，根上具须根。基生叶线状披针形，花期时不脱落，茎中下部叶披针形，全缘。头状花序顶生，排成伞房状花丛。总苞圆柱形，花瓣舌状且较小。瘦果长椭圆形，褐色。

蒲公英

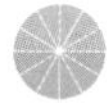

Taraxacum mongolicum

科名：菊科　属名：蒲公英属

形态特征：多年生草本，根黑褐色。叶片倒披针形，叶缘波状或羽状深裂，裂片全缘。花葶多个比叶稍长，上部紫红色，花序头状，总苞片钟状，花瓣舌状。

矢车菊

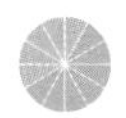

Centaurea cyanus

科名：菊科　属名：矢车菊属

形态特征：一年生草本，自茎的中部开始分枝，全株灰白色，密被卷毛。叶披针形，全缘或羽状分裂。头状花序顶生，排列成圆锥花序，总苞片约 7 层，边花比中央盘花大，前端浅裂。

南茼蒿

Chrysanthemum segetum

科名：菊科　属名：茼蒿属

形态特征：直立草本，光滑无毛。叶片倒卵状椭圆形，叶缘有不规则大锯齿。头状花序顶生，苞片与舌状花瓣等长，内层苞片附片状，舌片顶端有浅裂。瘦果椭圆形。

菊科

兰科

勋章菊

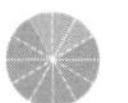

Gazania rigens

科名：菊科　属名：勋章菊属

形态特征：多年生草本，有根状茎。叶片丛生，披针形，叶缘有浅裂或全缘。花单生，花萼与花瓣长度相近，花瓣舌状，花心深色，整体形似勋章。

白及

Bletilla striata

科名：兰科　属名：白及属

形态特征：多年生草本，具假鳞茎。叶片披针形，基部抱茎。花序轴“之”字形曲折，不分枝，苞片长圆状披针形，花萼长圆形，与花瓣等长，花瓣宽于萼片，唇瓣较短，倒卵状长圆形。

高斑叶兰

Goodyera procera

科名：兰科　属名：斑叶兰属

形态特征：多年生草本，根状茎上有节。叶片狭椭圆形，先端渐尖。总状花序密生小花，具芳香；苞片卵状披针形，萼片椭圆形，与花瓣黏合成袋状，花瓣匙形。

独蒜兰

Pleione bulbocodioides

科名：兰科　属名：独蒜兰属

形态特征：半附生草本，具假鳞茎。叶片狭状披针形，先端渐尖，纸质。花葶直立，苞片线状长圆形，中萼片近倒披针形，侧萼片略有歪斜，花瓣倒披针形，唇瓣上有深色斑。

鹤顶兰

Phaius tankervilleae

科名：兰科　　属名：鹤顶兰属

形态特征：多年生草本，有圆锥状的假鳞茎。叶片长圆状披针形，互生。花葶从叶腋或假鳞茎基部抽出，上有多朵花排列成总状花序，萼片长圆状披针形，花瓣长圆形，唇瓣前端紫色。

蝴蝶兰

Phalaenopsis aphrodite

科名：兰科　　属名：蝴蝶兰属

形态特征：茎短。叶片肉质，镰刀状长圆形，先端尖锐，基部具短鞘。花侧生于茎部，有时分枝，花苞片卵状三角形，中间花瓣卵圆形，先端圆钝，无锯齿。

蕙兰

Cymbidium faberi

科名：兰科　　属名：兰属

形态特征：地生草本。叶片较直立，呈带状，叶缘具粗锯齿。多朵花排列成总状花序，有香气；萼片狭倒卵形，花瓣比萼片短，唇瓣卵状长圆形，有紫红色斑点。

纹瓣兰

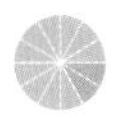

Cymbidium aloifolium

科名：兰科　　属名：兰属

形态特征：附生草本，假鳞茎球形。叶片带状，略外弯，厚革质。花葶抽出后下垂，上有多朵小花排列成总状花序，微香，萼片狭长圆形，花瓣狭椭圆形，唇瓣近卵形。

盆距兰

Gastrochilus calceolaris

科名：兰科　　属名：盆距兰属

形态特征：附生草本，茎弧形弯曲。叶片狭长圆形，互生，稍肉质。伞房花序侧生，花萼倒卵状长圆形，带紫褐色斑点，花瓣与花萼相似，只是略小一点；前唇新月状三角形，向前伸展，后唇盔形。

齿瓣石斛

Dendrobium devonianum

科名：兰科　　属名：石斛属

形态特征：附生草本，茎肉质，下垂，有节。叶片狭披针形，纸质，基部抱茎。总状花序从老茎上抽出，花苞片卵形，中萼片卵状披针形，侧萼片基部稍歪斜，花瓣卵形，外缘有短流苏。

翅萼石斛

Dendrobium cariniferum

科名：兰科　　属名：石斛属

形态特征：附生草本，茎肉质，纺锤形或圆柱形。叶片长圆形，革质。总状花序顶生或近顶生，苞片卵形，中萼片卵状披针形，侧萼片卵状三角形，花瓣长圆状椭圆形，唇瓣喇叭形。

叠鞘石斛

Dendrobium aurantiacum

科名：兰科　　属名：石斛属

形态特征：附生草本，茎不分枝，有节。叶片狭长圆形，基部有抱茎的鞘。总状花序侧生于上一年落叶茎上，花苞片船形，中萼片长圆状卵形，侧萼片长圆形，花瓣椭圆形，唇瓣近卵形。

兜唇石斛

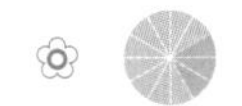

Dendrobium aphyllum

科名：兰科　　属名：石斛属

形态特征：附生草本，茎肉质，下垂，不分枝。叶片卵状披针形，纸质，全缘。花生长在老茎上排列成总状，苞片卵形，中萼片披针形，侧萼片基部歪斜，花瓣卵圆形，唇瓣近圆形。

聚石斛

Dendrobium lindleyi

科名：兰科　　属名：石斛属

形态特征：附生草本，茎纺锤形或卵状长圆形。叶片长圆形，革质，边缘呈波状。顶生总状花序，花橘黄色开展，薄纸质；苞片小狭圆状三角形，萼片卵状披针形，花瓣宽椭圆形，唇瓣近肾形。

流苏石斛

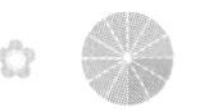

Dendrobium fimbriatum

科名：兰科　　属名：石斛属

形态特征：附生草本，茎粗壮下垂，不分枝。叶片长圆状披针形，先端急尖，基部抱茎。花序总状，轴略弯，苞片卵状三角形，中萼片长圆形，侧萼片基部稍歪，花瓣卵状长圆形。

美花石斛

Dendrobium loddigesii

科名：兰科　　属名：石斛属

形态特征：附生草本，茎细弱，有节。叶片长圆状披针形，先端尖锐。花侧生于茎顶，苞片卵形，中萼片卵状长圆形，花瓣卵圆形，唇瓣近圆形，中央金黄色。

密花石斛

Dendrobium densiflorum

科名：兰科　　属名：石斛属

形态特征：附生草本，茎纺锤状或圆柱状，不分枝。叶片近顶生，长圆状披针形，基部抱茎。总状花序密生多花，苞片倒卵状，中萼片卵形，侧萼片卵状披针形，花瓣近圆形，唇瓣圆状菱形。

石斛

Dendrobium nobile

科名：兰科　　属名：石斛属

形态特征：附生草本，肉质茎肥厚，上有节，节间肿大，呈倒圆锥形。叶片长圆形，基部抱茎。总状花序，苞片卵状披针形，萼片长圆形，花瓣斜宽卵形，唇瓣宽卵形。

细叶石斛

Dendrobium hancockii

科名：兰科　　属名：石斛属

形态特征：附生多年生草本，茎上的节膨大呈纺锤状，上部分枝。叶片狭长圆形，互生于枝干上部。花序总状，上有 1~2 朵花，苞片卵形，中萼片卵状椭圆形，侧萼片稍狭，花瓣椭圆形，唇瓣长宽相等。

石仙桃

Pholidota chinensis

科名：兰科　　属名：石仙桃属

形态特征：多年生草本，有匍匐且粗壮的根状茎。叶片倒卵状椭圆形，革质。花序总状，稍外弯，花苞片卵形，中萼片卵状椭圆形，侧萼片卵状披针形，花瓣披针形，唇瓣轮廓近宽卵形，3 浅裂。

虾脊兰

Calanthe discolor

科名：兰科　　属名：虾脊兰属

形态特征：多年生草本，具假鳞茎。叶片倒卵形，前端急尖。花疏生排列成总状花序，花苞片卵状披针形，萼片椭圆形，花瓣倒披针形，稍短于萼片，唇瓣扇形，有3深裂，侧裂片镰状倒卵形。

珊瑚藤

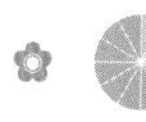

Antigonon leptopus

科名：蓼科　　属名：珊瑚藤属

形态特征：常绿木质藤本，具块状茎。叶片卵形至矩圆状卵形，前端渐尖，叶脉明显。花序圆锥形，排列成总状，花序轴顶端为卷须，苞片5枚合生。瘦果圆锥形。

球兰

Hoya carnosa

科名：萝藦科　　属名：球兰属

形态特征：攀缘灌木，具气根。叶片卵圆形，肉质，边缘全缘。腋生聚伞状花序呈伞形状，花多朵，花冠辐射状，副花冠星状。

铁草鞋

Hoya pottsii

科名：萝藦科　　属名：球兰属

形态特征：攀缘灌木，全株无毛。叶片肉质，干后会变厚革质，卵圆形或卵状长圆形，前端急尖。腋生聚伞状花序，花冠裂片宽卵形。果皮上有斑点。

龙吐珠

Clerodendron thomsonae

科名：马鞭草科　　属名：大青属

形态特征：木质藤本，茎四棱形。叶片狭卵形，纸质，全缘。花序二歧分枝，呈聚伞状，花萼基部合生，中部膨大，顶端5深裂，裂片三角状卵形；花冠深红色，雄蕊与花柱伸出于花冠外。

蓝花藤

Petrea volubilis

科名：马鞭草科　　属名：蓝花藤属

形态特征：木质藤本，小枝灰白色。叶片椭圆状长卵形，全缘或浅波状。总状花序顶生，稍下垂，萼管陀螺形，裂片呈开展状，狭长圆形，花冠5深裂。

白头翁

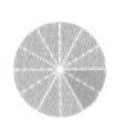

Pulsatilla chinensis

科名：毛茛科　　属名：白头翁属

形态特征：多年生草本，有根状茎。叶片宽卵形，3全裂，各片再二回深裂，小裂片楔形。花顶生于抽高花葶上，苞片3深裂，萼片长圆状卵形。瘦果纺锤形。

还亮草

Delphinium anthriscifolium

科名：毛茛科　　属名：翠雀属

形态特征：一年生草本，上有分枝。二至三回羽状复叶，叶片卵状三角形，羽片中裂，裂片披针形。总状花序，基部苞片较小，叶状，萼片长圆形，花瓣斧形，2深裂。

花毛茛

Ranunculus asiaticus

科名：毛茛科　　属名：花毛茛属

形态特征：多年生草本，具纺锤状块根；茎不分枝，有毛。基生叶常三出，上有粗锯齿，茎生叶羽状浅裂，边缘有钝锯齿。花梗从叶腋抽出，花冠卵圆形，花瓣多轮，每轮花瓣 8 枚。

耧斗菜

 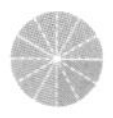

Aguilegia vulgaris

科名：毛茛科　　属名：耧斗菜属

形态特征：多年生草本，根肥大，外皮黑褐色。基生叶为二回三出复叶，中央小叶楔形，前端 3 裂，茎生叶沿茎向上变小。花常下垂，苞片 3 全裂，卵状椭圆形，花瓣直立，倒卵形，雄蕊伸出。

牡丹

Paeonia suffruticosa

科名：毛茛科　　属名：芍药属

形态特征：落叶小灌木，枝短而粗。叶面绿色，无毛，叶背淡绿色，叶脉处有微量柔毛。花型大小不等，颜色多样，花瓣重叠状，部分边缘有不规则波状。

铁筷子

 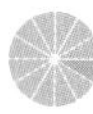

Helleborus thibetanus

科名：毛茛科　　属名：铁筷子属

形态特征：常绿草本，须根密生；茎上部分枝，无毛。基生叶 3 全裂，裂片倒披针形，有锯齿。茎生叶比基生叶小。花先叶开放或与叶同期，萼片椭圆形，花瓣圆筒状漏斗形。

欧洲银莲花

Anemone coronaria

科名：毛茛科　属名：银莲花属

形态特征：多年生草本，具根状茎。基生叶3全裂，全裂片再3中裂，中裂片又浅裂，小裂片长圆形。伞状花序顶生，花萼长圆形舌状，瘦果卵圆形近球形。

银莲花

Anemone cathayensis

科名：毛茛科　属名：银莲花属

形态特征：多年生草本，具根状茎。基生叶有长叶柄，叶片肾形，3全裂，全裂片又3裂，二回裂片又浅裂，小裂片卵形或狭圆形。顶生聚伞状花序，萼片倒卵形。瘦果宽扁，近圆形。

美人蕉

Canna indica

科名：美人蕉科　属名：美人蕉属

形态特征：多年生草本，全株绿色。叶片卵状长圆形，较大。花疏生形成总状花序，比叶片稍高，苞片卵形，萼片和花冠裂片披针形。蒴果绿色，长卵形。

盖裂木

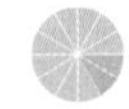

Talauma hodgsoni

科名：木兰科　属名：盖裂木属

形态特征：乔木，树皮棕褐色，小枝苍白色。叶片倒卵状长圆形，革质，全缘。花苞片佛焰状，紫色，花被片厚肉质，外轮呈卵形，内轮较小；聚合果上有40~80枚卵圆形蓇葖。

观光木

Tsoongiodendron odorum

科名：木兰科　　属名：观光木属

形态特征：常绿乔木，树皮浅灰褐色。叶片倒卵状椭圆形，厚膜质，叶缘无锯齿。花直立，有香味，苞片佛焰苞状，侧面开裂，花被片狭圆形，有红色小斑点。

含笑花

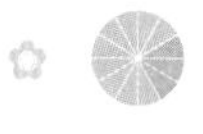

Michelia figo

科名：木兰科　　属名：含笑属

形态特征：常绿灌木，分枝多，树皮灰褐色。叶片狭椭圆形，革质，全缘。花直立，有香蕉香味，花被片肉质，长椭圆形；聚合果较长，蓇葖卵圆形，前端有喙。

深山含笑

Michelia maudiae

科名：木兰科　　属名：含笑属

形态特征：乔木，树皮灰褐色，较薄。叶片长圆形，叶面深绿有光泽，全缘。花腋生，苞片佛焰苞状，花被片外轮倒卵形，内轮近匙形，花丝扁平，淡紫色。

紫花含笑

Michelia crassipes

科名：木兰科　　属名：含笑属

形态特征：小乔木或灌木，树皮灰褐色。叶片倒卵形或狭长圆形，革质，全缘。花香，花被片长椭圆形。心皮椭圆形，聚合果上有10 枚以上的扁球形蓇葖。

醉香含笑

Michelia macclurei

科名：木兰科　　属名：含笑属

形态特征：乔木，树皮灰白色。叶片椭圆状倒卵形或菱形，革质，全缘。花蕾常包裹2~3 枚小花蕾，形成聚伞状花序，花被片倒披针形，内轮较小。

望春玉兰

Magnolia biondii

科名：木兰科　　属名：木兰属

形态特征：落叶乔木，树干胸径可达 1m。树皮淡灰色，光滑无毛。叶卵状披针形，先端急尖，边缘无锯齿。花先于叶开放，带香味，花梗顶端膨大。

武当木兰

Magnolia sprengeri

科名：木兰科　　属名：木兰属

形态特征：落叶乔木，树皮灰褐色。叶倒卵形，先端急尖，基部楔形，叶两面均有疏毛。花杯状，带香味，比叶先开，花瓣倒卵状匙形。聚合果成熟后为褐色。

星花木兰

Magnolia tomentosa

科名：木兰科　　属名：木兰属

形态特征：乔木，树干胸径可达 20cm。叶倒卵形，叶表暗绿色，叶背淡绿色，叶背有疏毛，叶缘无锯齿，先端钝尖。花比叶先生出，有香味，花瓣稍向外卷。

玉兰

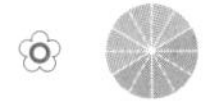

Magnolia denudata

科名：木兰科　　属名：木兰属

形态特征：落叶乔木，树皮深灰色，树冠较阔。叶片倒卵状椭圆形，纸质。先花后叶，花蕾卵圆形，花被片长圆状卵圆形，花直立，有香味。聚合果圆柱形，种子心形。

紫玉兰

Magnolia liliflora

科名：木兰科　　属名：木兰属

形态特征：落叶灌木，树皮灰褐色。叶椭圆形或倒卵形，叶表无光泽，深绿色，叶背灰绿色，有短毛。花瓣长卵圆形，先端尖，稍带芳香。

木棉

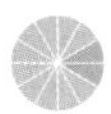

Bumbax malabaricus

科名：木棉科　　属名：木棉属

形态特征：落叶乔木，树皮灰白色。叶长圆形，叶缘无锯齿，顶端渐尖。花呈杯状，多半为红色，少数橙红色，花瓣长卵圆形，先端渐尖。蒴果表皮有柔毛。

木通

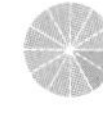

Akebia quinata

科名：木通科　　属名：木通属

形态特征：缠绕性木质藤本，茎皮圆柱形。叶互生，倒卵状椭圆形，叶表深绿色，叶背青白色。总状花序腋生，略带香味。果成熟为紫色。

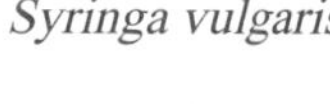

欧丁香

Syringa vulgaris

科名：木樨科　属名：丁香属

形态特征：灌木或小乔木，树皮灰褐色。叶长卵形，先端渐尖，叶表深绿色，叶背浅绿色。花冠紫色或淡紫色，花瓣 4 枚，呈十字状开放，卵圆形，微向内凹，有香味。

金钟花

Forsythia viridissima

科名：木樨科　属名：连翘属

形态特征：落叶灌木，树皮无毛，枝红棕色。叶表深绿色，叶背浅绿色，双面无毛。花先于叶开，花瓣长卵圆形，多数排列生长。果圆形。

连翘

Forsythia suspensa

科名：木樨科　属名：连翘属

形态特征：落叶灌木，枝土黄色或灰褐色。叶表深绿色，叶背浅黄绿，两面均无毛，先端尖锐。花先叶开放，生于叶腋。

流苏树

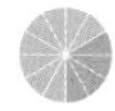

Chionanthus retusus

科名：木樨科　属名：流苏树属

形态特征：落叶乔木，小枝灰褐色。叶长圆形，先端圆钝，叶缘微向外卷，两面均有绒毛。花聚集密生呈伞状花序，顶生于枝，苞片线形。

小蜡

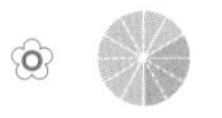

Ligustrum sinense

科名：木樨科　　属名：女贞属

形态特征：落叶灌木或小乔木，小枝圆柱形。叶长卵圆形，叶表深绿色，叶背浅绿色，有柔毛或近无毛。花聚集密生于枝顶或叶腋，花瓣向外微卷。

清香藤

Jasminum lanceolarium

科名：木樨科　　属名：素馨属

形态特征：大型攀缘藤本。叶对生，长椭圆形或卵圆形，先端尖，叶缘无锯齿，叶表光亮，叶背稍暗淡。复聚伞状花序常排列成圆锥状，花数量多，腋生或顶生。

七叶树

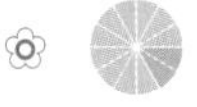

Aesculus chinensis

科名：七叶树科　　属名：七叶树属

形态特征：落叶乔木，树皮深褐色。小叶长圆披针形，叶表深绿色，无毛，叶背有疏毛，叶缘有细锯齿。花密生于枝顶呈圆锥花序，花瓣匙形，先端圆钝或尖。

楠藤

Mussaenda erosa

科名：茜草科　　属名：玉叶金花属

形态特征：攀缘灌木，小枝无毛。叶长椭圆形，对生，叶表有明显纹路，先端尖。聚伞状花序顶生，花呈五角星形，花瓣顶端圆尖，花冠管外有柔毛。

栀子

Gardenia jasminoides

科名：茜草科　属名：栀子属

形态特征：常绿灌木，枝圆柱形。叶长椭圆形，先端尖，叶表深绿，光亮无毛，叶背暗绿色，花白色，顶生，香味浓厚。

白鹃梅

Exochorda racemosa

科名：蔷薇科　属名：白鹃梅属

形态特征：落叶灌木，枝褐色。叶片长倒卵形，先端圆钝或尖，叶缘不光滑，叶柄短。花白色，花瓣椭圆状，先端圆钝，萼片三角形，先端尖或钝。

棣棠

Kerria japonica

科名：蔷薇科　属名：棣棠花属

形态特征：落叶灌木，小枝绿色。叶互生，长椭圆状卵形，先端长尖，叶背有疏毛。花单生于枝顶，花瓣5枚，宽椭圆形，先端圆钝。瘦果黑褐色。

火棘

Pyracantha fortuneana

科名：蔷薇科　属名：火棘属

形态特征：常绿灌木，侧枝短。叶片倒卵形，先端圆钝，叶缘有圆锯齿，两面均无毛。花密生聚集呈伞房花序，花瓣近圆形，白色，花药黄色。

鸡麻

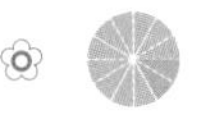

Rhodotypos scandens

科名：蔷薇科　属名：鸡麻属

形态特征：落叶灌木，小枝紫褐色。叶对生，卵圆形，叶表深绿色，有凹凸状纹路，叶缘有锯齿。花单生于新梢上，花瓣倒卵形，比萼片长。

紫叶李

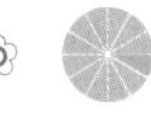

Prunus cerasifera var. *atropurpurea*

科名：蔷薇科　属名：李属

形态特征：落叶小乔木，小枝暗灰红色。叶倒卵形，叶表深绿色，叶背淡绿色，叶缘有锯齿，先端尖。花腋生，花瓣长圆形，边缘波状。

木瓜

Chaenomeles sinensis

科名：蔷薇科　属名：木瓜属

形态特征：落叶灌木或小乔木，树皮会脱落。叶椭圆状卵形，叶缘有锯齿，先端尖，基部圆形。花单生于叶腋，花瓣倒卵形，淡粉红色。

皱皮木瓜

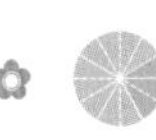

Chaenomeles speciosa

科名：蔷薇科　属名：木瓜属

形态特征：落叶灌木，枝条圆柱形。叶绿色，长卵圆形，叶缘有锯齿，先端尖。花先叶开放，花瓣倒卵形，萼片先端圆钝。果实黄色。

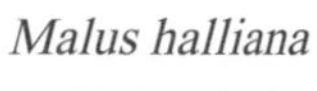

垂丝海棠

Malus halliana

科名：蔷薇科　属名：苹果属

形态特征：乔木，树冠疏散。叶片长椭圆形，先端尖，叶缘有细锯齿，叶表深绿色，有光泽。花梗细长，向下垂，伞房花序，花瓣倒卵形。

海棠

Malus spectabilis

科名：蔷薇科　属名：苹果属

形态特征：落叶乔木，小枝粗壮。叶片椭圆形，先端圆钝或尖，叶缘有锯齿。花序近伞形，花瓣多数重叠而开，卵形，萼片全缘无毛或偶有疏毛。果近球形。

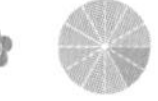

西府海棠

Malus × micromalus

科名：蔷薇科　属名：苹果属

形态特征：乔木。叶片长圆形，先端尖，叶缘有锯齿，叶表光滑无毛。花粉色，花瓣层叠开放，花梗细长，苞片线状，披针形。果红色。

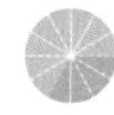

湖北海棠

Malus hupehensis

科名：蔷薇科　属名：苹果属

形态特征：落叶小乔木，树皮暗褐色。叶互生，卵状椭圆形，先端渐尖，叶缘有锯齿。花少数几朵组成伞状花序，花梗长，花瓣倒卵形。果椭圆形。

光叶蔷薇

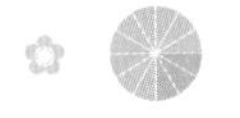

Rosa wichuraiana

科名：蔷薇科　　属名：蔷薇属

形态特征：攀缘灌木，小枝红褐色。小叶片椭圆形，叶表暗绿色，光滑无毛，叶背淡绿色，中脉突起。花几朵聚生，带香味，花瓣倒卵形，先端圆钝。

黄刺玫

Rosa xanthina

科名：蔷薇科　　属名：蔷薇属

形态特征：落叶灌木，枝粗壮有皮刺，无针刺。叶对生，宽卵形，先端圆钝，边缘有圆钝锯齿，两面无毛。花腋生，花瓣宽倒卵形，先端有凹口。

金樱子

Rosa laevigata

科名：蔷薇科　　属名：蔷薇属

形态特征：常绿蔓性灌木，小枝粗壮。小叶片倒卵形，叶表绿色，光亮无毛，叶背黄绿色，幼时有毛，成熟后脱落。花单生叶腋，花瓣宽倒卵形，先端微凹。

玫瑰

Rosa rugosa

科名：蔷薇科　　属名：蔷薇属

形态特征：落叶灌木，茎粗壮。叶长椭圆形，先端尖，边缘有细锯齿，叶表有皱褶。花单生于叶腋，有香味；苞片卵形，先端有缺口，花瓣倒卵形。

木香

Rosa banksiae

科名：蔷薇科　　属名：蔷薇属

形态特征：攀缘灌木，羽状复叶。小叶长椭圆形，叶表深绿，无毛，叶背浅绿色，中脉有毛。花多朵聚成伞形，花瓣多层叠生，倒卵形，先端圆。

月季

Rosa chinensis

科名：蔷薇科　　属名：蔷薇属

形态特征：落叶灌木，小枝圆柱形。叶长卵圆形，先端长尖，边缘有锯齿，叶表有光泽。花单生或几朵聚生，花瓣层叠开放，倒卵形，先端有凹口。

石斑木

Rhaphiolepis indica

科名：蔷薇科　　属名：石斑木属

形态特征：常绿灌木。叶长圆形，先端圆钝，叶缘不光滑，叶表平滑无毛，叶背无毛或少量细柔毛。花顶生，花瓣白色或淡粉红色，倒卵形，无毛。

石楠

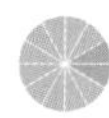

Photinia serrulata

科名：蔷薇科　　属名：石楠属

形态特征：常绿小乔木，树枝灰褐色。叶长倒卵形，叶表光亮，叶缘有细锯齿，叶柄粗壮。花密生于枝顶，花瓣近圆形，无毛。果球形。

碧桃

Prunus persica L. var. *persica* f. *duples*

科名：蔷薇科　　属名：李属

形态特征：乔木，树皮暗红色。枝细长，有光泽。叶片长卵圆形，叶表无毛，叶背有少数短毛或无毛，叶缘有锯齿，先端尖。花先于叶开放，花瓣长圆形。

山桃

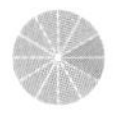

Prunus davidiana

科名：蔷薇科　　属名：李属

形态特征：落叶乔木，树皮暗紫色。叶卵状披针形，先端尖，叶缘具细锐锯齿，双面无毛。花先叶开放，花瓣倒卵形，先端圆钝。果近球形。

桃

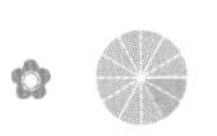

Prunus persica

科名：蔷薇科　　属名：李属

形态特征：乔木，树皮暗红色。叶绿色，叶表无毛，叶背有微量柔毛或无毛，叶缘有锯齿。花先于叶开放，单生，花瓣长圆状，多半是粉红色，少数有白色。

榆叶梅

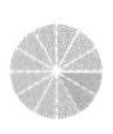

Amygdalus triloba

科名：蔷薇科　　属名：李属

形态特征：落叶灌木或小乔木。叶宽椭圆形，先端尖，叶缘有锯齿，叶表有疏毛，叶背有短柔毛。花先于叶开放，花瓣近圆形，先端圆钝或微凹。果实近球形。

杏

Prunus armeniaca

科名：蔷薇科　属名：李属

形态特征：乔木，树皮灰褐色，有纵向裂纹。叶宽卵形，先端尖，基部心形，叶缘有锯齿，叶面无毛。花先于叶开放，花瓣圆形，先端略带浅凹口。

李叶绣线菊

Spiraea prunifolia

科名：蔷薇科　属名：绣线菊属

形态特征：灌木，小枝细长。叶片绿色，圆披针形，幼时两面有短柔毛，老后叶表无短柔毛，叶缘有细锯齿。花白色，聚伞状花序顶生，花梗有短柔毛。

麻叶绣线菊

Spiraea cantoniensis

科名：蔷薇科　属名：绣线菊属

形态特征：落叶灌木，小枝圆柱形弯曲状。叶菱状长椭圆形，叶表深绿色，叶背灰蓝色，叶缘有锯齿。伞形伞房花序密生枝顶，花白色，花瓣近圆形，先端微凹。

中华绣线菊

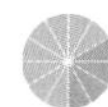

Spiraea chinensis

科名：蔷薇科　属名：绣线菊属

形态特征：灌木，小枝红褐色。叶表暗绿色，有柔毛，倒卵形，先端急尖或圆钝。伞形花序密生枝顶，花白色，花瓣近圆形，先端圆钝，花柱顶生。

空心泡

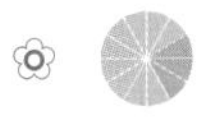

Rubus rosaefolius

科名：蔷薇科　　属名：悬钩子属

形态特征：直立或攀缘灌木，小枝圆柱形。叶片绿色，卵状披针形，边缘有尖锐缺刻状重锯齿。花白色，常 1~2 朵聚生在枝顶或叶腋，花瓣长卵圆形或近圆形。果红色，有光泽。

麦李

Cerasus glandulosa

科名：蔷薇科　　属名：樱属

形态特征：灌木，小枝灰棕色。叶片长圆披针形，先端渐尖，边缘有锯齿，两面无毛。花叶同放，花型小，数量多，花瓣倒卵形，先端有凹槽。

毛樱桃

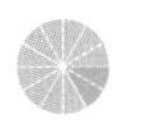

Cerasus tomentosa

科名：蔷薇科　　属名：樱属

形态特征：灌木，小枝灰褐色。叶表暗绿色，有疏毛，叶被灰绿色，卵圆形，先端急尖，边缘有锯齿。花叶同放，花瓣倒卵形，先端圆钝。

山樱花

Cerasus serrulata

科名：蔷薇科　　属名：樱属

形态特征：乔木，树皮灰褐色。叶长卵圆形，叶表深绿色，叶被淡绿色，两面均无毛。伞形花序，花梗无毛，花瓣倒卵形，苞片淡绿色。果紫黑色。

樱桃

Prunus pseudocerasus

科名：蔷薇科　　属名：李属

形态特征：小乔木，树皮灰白色。叶广卵形，叶表深绿色，近无毛，叶被淡绿色，有疏毛。花先于叶开，近伞形，花瓣卵圆形，先端微凹。核果近球形。

碧冬茄

Petunia hybrida

科名：茄科　　属名：碧冬茄属

形态特征：一年生草本，全身生腺毛。叶片卵形，近无叶柄。花单生于叶腋，颜色丰富，形状多样，花柱稍超过雄蕊。蒴果圆锥状，种子极小。

鸳鸯茉莉

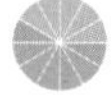

Brunfelsia acuminata

科名：茄科　　属名：鸳鸯茉莉属

形态特征：多年生常绿灌木，茎皮深褐色。叶表绿色，叶背黄绿色，长披针椭圆形，叶缘略带波皱。花白色或紫色，有浓郁的香味，花瓣锯齿明显。

球根海棠

Begonia tubehybrida

科名：秋海棠科　　属名：秋海棠属

形态特征：多年生块茎草本，肉质茎有毛，直立或散铺。叶互生，叶缘有齿形和缘毛，先端尖锐。花梗腋生，颜色多样，花瓣有单瓣、半重瓣和重瓣之分。

粉团

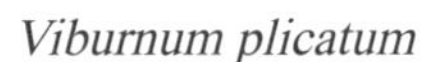

Viburnum plicatum

科名：忍冬科　　属名：荚蒾属

形态特征：落叶灌木，小枝灰黑色。叶宽卵形或倒卵形，叶缘有锯齿，先端圆或尖。聚伞形花序呈球状，总花梗稍带棱角，萼齿卵形，先端钝圆。

香荚蒾

Viburnum farreri

科名：忍冬科　　属名：荚蒾属

形态特征：落叶灌木，小枝红褐色。叶片绿色，椭圆形，先端锐尖，边缘有锯齿。花颜色丰富，多数聚合成球状顶生，先于叶开放，有香味，花丝近无。

接骨木

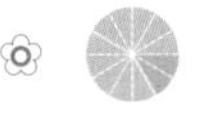

Sambucus williamsii

科名：忍冬科　　属名：接骨木属

形态特征：高大草本或半灌木。叶对生或互生，狭卵形，叶缘有细锯齿，先端渐尖。圆锥状花序顶生，花黄白色，花小，花药黄色或紫色。果实红色。

锦带花

Weigela florida

科名：忍冬科　　属名：锦带花属

形态特征：落叶灌木，树皮灰色。叶片绿色，椭圆形，边缘有锯齿，先端渐尖，两面有柔毛。花单生或成聚伞状花序生于侧生短枝的叶腋或枝顶；花瓣长卵圆形，向外展开成喇叭状。

大花六道木

Abelia × grandiflora

科名：忍冬科　　属名：六道木属

形态特征：落叶灌木，幼枝有硬毛。叶矩圆状披针形，先端尖，叶缘无锯齿或有疏齿，两面有疏毛。花生于叶腋，花梗有被毛，花呈杯状，下垂。

大花忍冬

Lonicera macrantha

科名：忍冬科　　属名：忍冬属

形态特征：半常绿藤本，小枝红褐色。叶绿色，卵形至圆形，叶缘有糙毛，先端渐尖。花先白色后变黄，花瓣长椭圆形，向外卷，花柱超出花冠。果实黑色。

华南忍冬

Lonicera confusa

科名：忍冬科　　属名：忍冬属

形态特征：半常绿藤本，枝矩圆状。叶卵形，先端渐尖，叶缘无锯齿。花白色或黄色，带香味，小苞片圆卵形，顶端圆钝，开放时向外卷。果实黑色。

双盾木

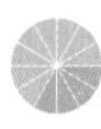

Dipelta floribunda

科名：忍冬科　　属名：双盾木属

形态特征：落叶灌木或小乔木，枝初期有腺毛，后脱落变光滑，树皮有脱落现象。叶片卵状披针形，先端渐尖，叶缘无锯齿。聚伞状花序生于枝端叶腋，苞片条形。

结香

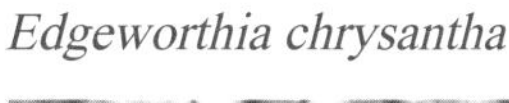

Edgeworthia chrysantha

科名：瑞香科　　属名：结香属

形态特征：落叶灌木，小枝常三歧。叶椭圆状长圆形，全缘。头状花序上有 30~50 朵花，总苞具长毛而早落，花萼裂片卵形，和雄蕊对生。

瑞香

Daphne odora

科名：瑞香科　　属名：瑞香属

形态特征：常绿灌木，枝粗壮，圆柱形。叶互生，长椭圆形，上面绿色，下面淡绿色，两面无毛。花淡紫色，无毛，数朵组成顶生头状花序，苞片披针形。

芫花

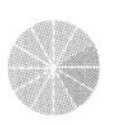

Daphne genkwa

科名：瑞香科　　属名：瑞香属

形态特征：落叶灌木，树皮褐色。叶对生，卵状披针形，叶表绿色，叶背淡绿色，有柔毛。花 3~6 朵簇生于叶腋，先叶开放，花药黄色，卵状椭圆形。

桂竹香

Cheiranthus cheiri

科名：十字花科　　属名：桂竹香属

形态特征：一二年生草本，茎直立状。叶披针形，叶缘稍带小齿或光滑，先端急尖。总状花序，花瓣 4 枚，倒卵形，颜色多偏暖色系，花柱短。

油菜花

Brassica campestris

科名：十字花科　属名：十字花属

形态特征：一年生草本，通干笔直。茎圆柱形，叶互生，无托叶。总状花序，花黄色，有浓郁香味，花瓣 4 枚，呈十字形。

葶苈

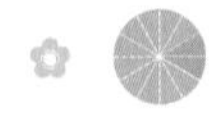

Draba nemorosa

科名：十字花科　属名：葶苈属

形态特征：一年生草本。基生叶莲座状丛生，长倒卵形，茎上叶片较少或近无。密集总状花序顶生，呈伞状，花萼椭圆形，花瓣倒楔形。

香雪球

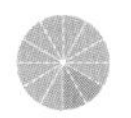

Lobularia maritima

科名：十字花科　属名：香雪球属

形态特征：多年生草本。叶条形，叶缘无锯齿。花多数密集呈伞房状花序，花瓣长圆形，先端钝圆，花梗丝状。果椭圆形，果柄斜向上展。

诸葛菜

Orychophragmus violaceus

科名：十字花科　属名：诸葛菜属

形态特征：一年生或二年生草本，茎直立。叶基部茎生，心形，顶部叶近圆形，叶缘有钝齿。花多数聚集生于顶部，花瓣倒卵形，有密生细脉纹。

紫罗兰

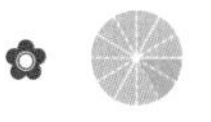

Matthiola incana

科名：十字花科　　属名：紫罗兰属

形态特征：二年生或多年生草本，茎直立，多分枝。叶匙形或长椭圆形，全缘，先端短尖。花顶生或腋生，数量多，花梗粗壮，花瓣长椭圆形，微向内卷。

君子兰

Clivia miniata

科名：石蒜科　　属名：君子兰属

形态特征：多年生草本，肉质根。叶片由根部生出，似剑形，深绿色，有光泽，顶端圆润。花顶生，呈漏斗状，花瓣长椭圆形，先端微向外弯。

黄水仙

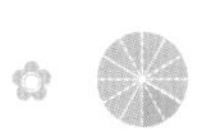

Narcissus pseudonarcissus

科名：石蒜科　　属名：水仙属

形态特征：多年生草本，鳞茎卵圆形。叶片直立向上，宽线形，先端尖。花茎长，花单生于茎顶，花被管倒圆锥形，花被裂片长圆形。

水仙

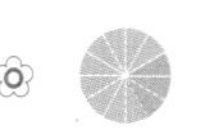

Narcissus tazetta var.*chinensis*

科名：石蒜科　　属名：水仙属

形态特征：多年生草本，根乳白色，茎盘上生。鳞茎卵圆形，外有一层薄膜。叶粉绿色，先端钝。花由叶丛而生，呈喇叭状，花瓣向外张开。

花朱顶红

Hippeastrum vittatum

科名：石蒜科　　属名：朱顶红属

形态特征：多年生草本，鳞茎球形。叶鲜绿色，宽带形，叶表光亮，先端尖或圆钝。花呈喇叭状，常 3~6 朵聚集顶生，花瓣长椭圆形，先端微凹。

仙茅

Curculigo orchioides

科名：石蒜科　　属名：仙茅属

形态特征：多年生草本，根状茎直立生长。叶披针形，顶端尖，叶片两面有疏毛或无毛。花苞片披针形，花瓣 5~6 枚，长椭圆状，先端尖，花茎极短。

长寿花

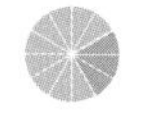

Narcissus jonquilla

科名：景天科　　属名：水仙属

形态特征：多年生草本，鳞茎球形，叶卵圆形，先端圆钝，叶缘无锯齿或有细锯齿，叶表光滑无毛。花序呈伞房状密集，花瓣卵圆形，先端尖或钝。

粉蝶花

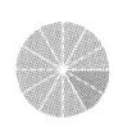

Nemophila menziesii

科名：水叶草科　　属名：粉蝶花属

形态特征：一年生草本，对生鳞叶。花色特别，中心处为白色，向上变为蓝色，或花瓣边缘为白色，中心处散布黑点。

蒲桃

Syzygium jambos

科名：桃金娘科　属名：蒲桃属

形态特征：乔木，主干极短。叶披针形，先端尖，叶表有光泽，叶缘无锯齿。花顶生，花瓣阔卵形，花丝多且长。果球形，成熟后黄色。

桃金娘

Rhodomyrtus tomentosa

科名：桃金娘科　属名：桃金娘属

形态特征：灌木，枝有柔毛。叶对生，椭圆形，先端圆钝，叶缘无锯齿，叶表光滑，叶背有茸毛。花单生，花瓣倒卵形，无香味。浆果紫黑色。

文冠果

Xanthoceras sorbifolia

科名：无患子科　属名：文冠果属

形态特征：落叶灌木或小乔木，树皮灰褐色。叶披针形，先端渐尖，叶缘有锯齿，叶表深绿色，叶背鲜绿色。花顶生，先叶开或同时开放，花瓣有纹脉。

荔枝

Litchi chinensis

科名：无患子科　属名：荔枝属

形态特征：常绿乔木，小枝褐红色，密生白色皮孔。叶对生，全缘。花序顶生，萼被金黄色短绒毛；果卵圆形至近球形，成熟时暗红色至鲜红色。花期春季，果期夏季。

假苹婆

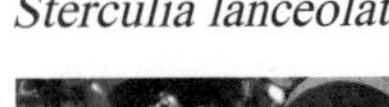

Sterculia lanceolata

科名：梧桐科　　属名：苹婆属

形态特征：小乔木，幼枝有被毛。叶绿色，椭圆披针形，先端尖，叶缘无锯齿，叶表光滑无毛。花散生于叶缘，花瓣 5 枚，呈五角星形，有毛。

令箭荷花

Nopalxochia ackermannii

科名：仙人掌科　　属名：昙花属

形态特征：多年生草本，直立茎，多分枝。叶剑形，向上直立生长，稍弯，叶缘呈波浪形，叶背有凸出中脉。花开放时间短，单生，花瓣层叠开放，花型大。

爆仗竹

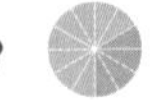

Russelia equisetiformis

科名：玄参科　　属名：爆仗竹属

形态特征：直立半灌木，茎分枝轮生。叶会退化成披针状鳞片，光滑无毛。花呈管筒状，花瓣开裂成上下两瓣，形似嘴唇，花梗短。

地黄

Rehmannia glutinosa

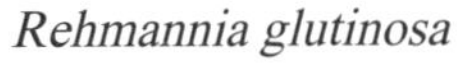

科名：玄参科　　属名：地黄属

形态特征：多年生草本，根茎肉质肥厚。叶多基生，叶片长椭圆形，叶表绿色，叶背紫红色，叶缘有锯齿。花呈杯状，花瓣基部不分裂，有毛。

龙面花

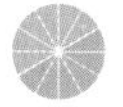

Nemesia strumosa

科名：玄参科　　属名：龙面花属

形态特征：一年生草本，多分枝。叶对生，披针形，先端渐尖，叶缘无锯齿。花生于枝顶端，颜色多变，上下两瓣花瓣，一边较大，一边三分裂。

白花泡桐

Paulownia fortunei

科名：玄参科　　属名：泡桐属

形态特征：乔木，树皮灰褐色，树干笔直，树冠圆锥形。叶长卵心形，先端尖，两面均有毛。花呈喇叭状，从先端分裂于中部，内部有细斑纹。

紫苏草

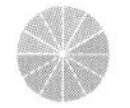

Limnophila aromatica

科名：玄参科　　属名：石龙尾属

形态特征：一年生或多年生草本，茎多分枝。叶对生或轮生，卵状披针形，先端尖，叶缘有锯齿。花顶生或腋生，苞片披针形，花冠白色，内有柔毛。

阿拉伯婆婆纳

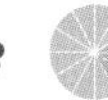

Veronica persica

科名：玄参科　　属名：婆婆纳属

形态特征：一年生草本花卉，茎密生多柔毛。叶卵形，基部浅心形，边缘具钝齿，两面有柔毛。花顶生，花冠蓝色或紫色，花瓣 4 枚，单瓣呈扇形或长椭圆形。

茑萝

Ipomoea quamoclit

科名：旋花科　　属名：番薯属

形态特征：一年生光滑蔓草。叶互生，披针条形，光滑无毛。花呈五角星状，先端尖，花瓣鲜红色，花冠高脚碟状。

荷包牡丹

Dicentra spectabilis

科名：罂粟科　　属名：荷包牡丹属

形态特征：多年生草本，茎圆柱形，紫红色。叶片绿色，轮廓三角形，叶缘不光滑，先端尖，两面有明显叶脉。花心形，呈吊垂状，排列生于枝上。

花菱草

Eschscholtzia californica

科名：罂粟科　　属名：花菱草属

形态特征：多年生草本，茎直立。叶灰绿色，分裂成针形，先端锐尖。花顶生，开放后呈杯状，花瓣三角状卵形，先端有细锯齿，花药条形。

罂粟

Papaver somniferum

科名：罂粟科　　属名：罂粟属

形态特征：一二年生草本，茎直立，无分枝。叶互生，长卵形，先端渐尖至钝，叶缘有不规则波状锯齿，两面无毛。花单生，花蕾卵圆形，花瓣 4 枚。

夏天
Summer

百部

Stemona japonica

科名：百部科　　属名：百部属

形态特征：多年生草本，具纺锤状肉质块根。叶片长圆状披针形，纸质，边缘微有波状。花单生或数朵排成聚伞状，苞片线状披针形，被片披针形，开花后向外卷。

山丹

Lilium concolor

科名：百合科　　属名：百合属

形态特征：多年生草本，有白色鳞茎。叶片线形，互生。花单生或数朵排列成总状花序，向下弯垂，花被片开花时向外卷，花丝伸出，花药黄色。

野百合

Lilium brownii

科名：百合科　　属名：百合属

形态特征：多年生草本，有球形鳞茎。花通常单生在稍微弯曲的花梗上，喇叭状，有香气；花瓣乳白色，稍带紫色，没有斑点，向外张开或先端外弯而不卷。

大花葱

Allium giganteum

科名：百合科　　属名：葱属

形态特征：多年生球根花卉，鳞茎球形或半球形。叶近基生，倒披针形，灰绿色，叶缘无锯齿。花顶生，密集聚合呈球状，小花数量多。种子黑色。

蓝苞葱

Allium atrosanguineum

科名：百合科　　属名：葱属

形态特征：多年生草本，鳞茎圆柱形。叶呈管状，中空。花葶比叶稍长，圆柱形，花密生形成球状伞形花序，花被片矩圆状倒卵形，有光泽，较大。

玉竹

Polygonatum odoratum

科名：百合科　　属名：黄精属

形态特征：多年生草本，具竹鞭状肉质根状茎。叶片卵状椭圆形，互生。花单朵或4朵从叶腋抽出，苞片线形或近无，花被筒较直，前端花被片6枚，张开。

嘉兰

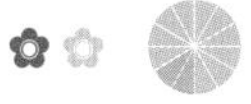

Gloriosa superba

科名：百合科　　属名：嘉兰属

形态特征：攀缘草本，具肉质块茎。叶片披针形，先端延伸成长卷须。花单朵从叶腋抽出，稍下垂，有时会排列成伞房状，花被片开花时反卷，边缘皱波状。

铃兰

Convallaria majalis

科名：百合科　　属名：铃兰属

形态特征：多年生草本，全株无毛。叶片椭圆状披针形，前端急尖。花葶从抱茎的鞘中抽出，稍外弯。花钟形，前端开裂，裂片卵状三角形，苞片披针形。浆果稍下垂，红色。

绵枣儿

Scilla scilloides

科名：百合科　属名：绵枣儿属

形态特征：多年生草本，鳞茎球形。基生叶狭线形，较柔软。花葶通常比叶长，总状花序，花被片倒卵形或近椭圆形，雄蕊生于花被片基部，比花被片较短。

天门冬

Asparagus cochinchinensis

科名：百合科　属名：天门冬属

形态特征：攀缘草本，具纺锤形肉质块根。枝进化成叶状，镰刀形，常3片为一簇；叶退化成鳞片，基部延伸为硬刺。花2朵腋生，较小，花被片前端有裂片，裂片卵状三角形。

大苞萱草

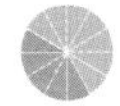

Hemerocallis middendorffii

科名：百合科　属名：萱草属

形态特征：多年生草本。叶片线形，向外弯折，质地软。花葶较叶稍长，顶端簇生2~6朵花，花被长椭圆形，开花时外卷，花丝直立伸出。蒴果椭圆形。

黄花菜

Hemerocallis flava

科名：百合科　属名：萱草属

形态特征：多年生草本，肉质根。叶线形，革质。有多个花葶，比叶稍长。花稍下垂，淡黄色，在花蕾时期顶端偶有出现紫黑色，花瓣6枚，稍外卷。

萱草

Hemerocallis fulva

科名：百合科　　属名：萱草属

形态特征：多年生草本，有纺锤状的肉质根，叶片线形，全缘。花葶粗壮，从叶基部抽出，上有 1~4 朵花，苞片卵状披针形，外轮花被 3 片，长椭圆形，内轮花被稍宽，边缘皱褶状。

油点草

Tricyrtis macropoda

科名：百合科　　属名：油点草属

形态特征：多年生草本，茎上有毛。叶片椭圆形，叶缘有糙毛。伞状花序的花序轴二歧分枝，花疏生，苞片小，花被片披针形，内有多个紫红色斑点，外轮花被开花后前端向内卷，内轮花被狭条形。

紫萼

Hosta ventricosa

科名：百合科　　属名：玉簪属

形态特征：多年生草本，具根状茎。叶片卵圆形，先端骤尖。花葶较高，上有 10~30 朵花；苞片矩圆状披针形，花被管在开花时呈漏斗状扩大，雄蕊伸出。

蓝雪花

Plumbago auriculata

科名：白花丹科　　属名：白花丹属

形态特征：半灌木，直立生长，地下茎分枝多，地上茎呈“之”字形弯曲。叶矩圆状卵形，全缘。花序上有很多花，但只有 1~5 朵同期开放，苞片长卵形，花冠前端有倒三角形裂片，花丝伸出。

败酱

Patrinia scabiosaefolia

科名：败酱科　属名：败酱属

形态特征：多年生直立草本，有横卧的根状茎。基生叶片丛生，椭圆状披针形，叶缘有粗齿；茎生叶对生，羽状深裂或全裂。复伞房花序顶生，上有多朵花，花冠钟形，裂片长圆形。

缬草

Valeriana officinalis

科名：败酱科　属名：缬草属

形态特征：多年生草本，有头状的根状茎。除茎生叶外其余均在花期枯萎；茎生叶宽卵形，羽状分裂，裂片披针形。聚伞状花序顶生，常排列成圆锥形，花小，花瓣椭圆形。

海仙花

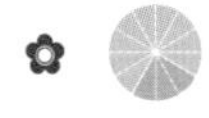

Primula poissonii

科名：报春花科　属名：报春花属

形态特征：多年生草本，茎短，近无。叶片在基部丛生，倒披针形，叶缘有三角状锯齿。花葶很高，伞形花序多轮组成总状花序，花梗在开花时稍弯，结果时直立，花冠檐平展，前端 2 裂。

临时救

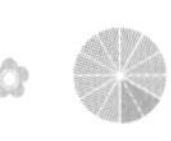

Lysimachia congestiflora

科名：报春花科　属名：珍珠菜属

形态特征：多年生草本，下部茎匍匐，上部茎和分枝直立。叶片阔卵形，全缘。顶生总状花序，花萼分裂的裂片披针形，花冠 5 裂，裂片卵状椭圆形。

紫茎

Stewartia sinensis

科名：山茶科　　属名：紫茎属

形态特征：小乔木，树皮灰黄色。叶片椭圆形，纸质，边缘有粗锯齿。花单生，单瓣，萼片 5，长卵形，基部连生，花瓣阔卵形。蒴果卵圆形，种子有窄翅。

窄叶蓝盆花

Scabiosa comosa

科名：川续断科　　属名：蓝盆花属

形态特征：多年生直立草本。基生叶成丛，叶片窄椭圆形，羽状全裂，裂片线形；茎生叶长圆形，1~2 回狭羽状全裂。头状花序半球形，总苞片披针形，花萼 5 裂，细长针状，花冠先端 5 裂，花 2 唇形。

百里香

Thymus mongolicus

科名：唇形科　　属名：百里香属

形态特征：半多年生灌木状芳香草本，分枝多，常匍匐或上升。叶对生，多为全缘，具苞叶，与叶形状相同。头状花序顶生，花萼管钟状，前端 2 唇形，上唇有齿，下唇与上唇等长；花冠筒向上会增大。

薄荷

Mentha haplocalyx

科名：唇形科　　属名：薄荷属

形态特征：多年生宿根草本，有匍匐的根状茎，分枝多。叶片披针形或卵圆状披针形，边缘有粗锯齿。腋生轮伞状花序呈球形，花萼钟形，花冠前端的冠檐 4 裂，裂片长圆形，花丝抽出。

串铃草

Phlomis mongolica

科名：唇形科　属名：糙苏属

形态特征：多年生草本。基生叶三角状披针形，叶缘有圆齿，茎生叶较小，同形。轮伞状花序，花密集，苞片线状，花萼管状，花冠檐2唇形，上唇边缘流苏状，下唇3圆裂，边缘均为不整齐的细齿状。

藿香

Agastache rugosa

科名：唇形科　属名：藿香属

形态特征：多年生芳香草本，茎四棱形，上部分枝。叶对生，叶缘有锯齿。花多朵组成轮伞状花序，排列成密集的假穗状花序，花冠檐2唇形，上唇直伸，下唇3裂，中裂片边缘波状。

甘露子

Stachys sieboldii

科名：唇形科　属名：水苏属

形态特征：多年生草本，有密集须根，具块状茎。茎生叶长椭圆状卵形，叶缘具规则锯齿。轮伞状花序顶生排列成假穗状花序，苞片线形，较小；花萼狭钟形，花冠筒呈筒状，前端2唇形，上唇长圆形，下唇3裂。

薰衣草

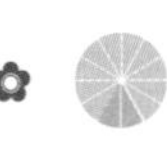

Lavandula angustifolia

科名：唇形科　属名：薰衣草属

形态特征：半灌木，枝条暗褐色，枝条皮呈条状剥落。叶片条形，营养枝上的叶片较小，全缘。聚伞状花序，花萼管状，前端2唇形；花冠较花萼大，冠檐2唇形。

蓖麻

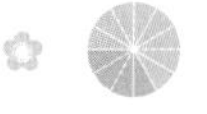

Ricinus communis

科名：大戟科　属名：蓖麻属

形态特征：一年生或多年生草本。叶片掌状深裂，具 7~11 裂片，裂片披针形，叶缘有锯齿。腋生圆锥花序，雄花萼裂片卵状三角形，雌花萼片卵状披针形。蒴果近球形，密生软刺。

狼毒

Euphorbia fischeriana

科名：大戟科　属名：大戟属

形态特征：多年生草本，根圆柱形。叶互生，卵状长圆形，两面均无毛。花白色或黄色带紫，有香味，多数聚集伞状顶生，无花梗，花丝短，花药黄色。

银边翠

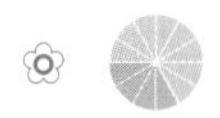

Euphorbia marginata

科名：大戟科　属名：大戟属

形态特征：一年生草本，茎上部多分枝。叶片长椭圆形，全缘，具苞叶。花单生或聚伞状簇生，总苞钟状，边缘 5 裂，裂片三角形或圆形，花伸出苞外。

百脉根

Lotus corniculatus

科名：豆科　属名：百脉根属

形态特征：多年生草本，茎丛生。羽状复叶具 5 小叶，基部 2 小叶托叶状，斜卵形，顶端 3 小叶倒卵形。伞状花序聚生于轴顶端，苞片叶状，萼钟形，花冠干后变蓝色。

白车轴草

Trifolium repens

科名：豆科　属名：车轴草属

形态特征：多年生草本，茎匍匐蔓生。掌状三出复叶，托叶披针形，小叶倒卵形。花梗在开花时下垂，花序顶生，密集呈球形，萼片钟形，微香。

红车轴草

Trifolium pratense

科名：豆科　属名：车轴草属

形态特征：多年生草本，茎直立或平卧上升。掌状三出复叶，托叶近卵形，小叶卵状椭圆形，叶面有白斑。顶生花序球状，托叶呈佛焰苞状，萼片钟形。荚果卵形。

凤凰木

Delonix regia

科名：豆科　属名：凤凰木属

形态特征：落叶乔木，树皮灰褐色，粗糙。二回羽状复叶，羽片对生，小叶长椭圆形，全缘。顶生伞房花序排列成总状，花瓣 5 枚，匙形，上有花斑，开花时会向外卷。

合欢

 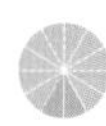

Albizzia julibrissin

科名：豆科　属名：合欢属

形态特征：落叶乔木，树皮暗灰色，二回羽状复叶，小叶呈镰状，全缘。圆锥花序顶生，由头状花序排列而成，萼管状，花丝较长，呈球形。荚果条形，幼嫩时有毛。

胡枝子

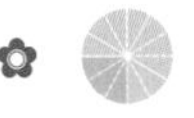

Lespedeza bicolor

科名：豆科　　属名：胡枝子属

形态特征：灌木，分枝多，直立生长。羽状复叶，小叶3枚，倒卵形或椭圆形，全缘。腋生总状花序疏松排列，形成大型圆锥花序，萼片5裂。荚果宽椭圆形。

花木蓝

Indigofera kirilowii

科名：豆科　　属名：木蓝属

形态特征：小灌木，小枝上有毛。羽状复叶，托叶披针形，小叶卵状菱形，全缘。总状花序疏松排列，苞片线状披针形，花萼杯状。荚果棕褐色，圆柱形。

香豌豆

Lathyrus odoratus

科名：豆科　　属名：山黧豆属

形态特征：一年生草本，攀缘状茎。叶轴上有小翅，末梢有卷须，叶具2小叶，小叶椭圆形，全缘。总状花序腋生，常下垂，香味浓，萼钟状。荚果线形，棕黄色。

舞草

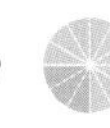

Codariocalyx motorius

科名：豆科　　属名：舞草属

形态特征：小灌木，直立生长。三出复叶，顶生小叶椭圆形，侧生小叶线形。花序总状或圆锥状，苞片宽卵形，花萼先端2裂，花冠蝶形。荚果稍弯至镰形，有毛。

仪花

Lysidice rhodostegia

科名：豆科　属名：仪花属

形态特征：灌木或小乔木，树皮灰棕色，小枝绿色。偶数羽状复叶，小叶片卵状披针形，全缘。花序圆锥状，苞片椭圆形，花瓣宽卵形。荚果倒卵形，开裂。

紫苜蓿

Medicago sativa

科名：豆科　属名：苜蓿属

形态特征：多年生直立草本，根粗壮。三出羽状复叶，托叶椭圆状披针形，较大，小叶卵形，全缘。头状花序上有多朵花，苞片锥形，花瓣有长柄，蝶形。

灯笼树

Enkianthus chinensis

科名：杜鹃花科　属名：吊钟花属

形态特征：落叶灌木或小乔木，老枝深灰色，幼枝灰绿色。叶片在枝顶聚生，长圆状卵形，边缘钝锯齿。总状花序排列成伞状，花开时下垂，花冠倒坛形，前端5浅裂。

照山白

Rhododendron micranthum

科名：杜鹃花科　属名：杜鹃属

形态特征：常绿灌木，茎灰棕色。叶片倒披针形或长椭圆形，革质。圆锥花序顶生，花多且密集，花萼5深裂，花冠钟形，裂片5枚，花丝伸出。

凤仙花

Impatiens balsamina

科名：凤仙花科　　属名：凤仙花属

形态特征：一年生直立草本，有粗壮的肉质茎。叶片披针形，叶缘具锐锯齿。花单生或多朵簇生于叶腋，花蝶状，单瓣或多瓣；苞片线形，侧生萼片2枚，卵状披针形。

水金凤

Impatiens noli-tangere

科名：凤仙花科　　属名：凤仙花属

形态特征：一年生直立草本，有粗壮的肉质茎，分枝多。叶片椭圆形，叶缘有粗锯齿。总状花序上有2~4朵花，苞片披针形，萼片侧生，宽卵形。

谷精草

Eriocaulon buergerianum

科名：谷精草科　　属名：谷精草属

形态特征：一年生草本。叶片线形，在基部丛生。花葶较多，直立，头状花序，苞片近圆形，花萼呈佛焰苞状，外侧3浅裂，花冠3裂，裂片三角形，花瓣3枚，离生。

旱金莲

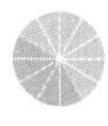

Tropaeolum majus

科名：旱金莲科　　属名：旱金莲属

形态特征：一年生草本，茎肉质攀缘状。叶片圆形，叶缘波浪状，有浅缺刻。腋生花单朵，萼片5枚，长圆状披针形，花瓣圆形，边缘有缺刻。

画眉草

Eragrostis pilosa

科名：禾本科　属名：画眉草属

形态特征：一年生草本，秆丛生。叶鞘稍抱茎，叶片披针形，扁平或卷缩。花序展开呈圆锥形，小穗上有多朵小花。颖为膜质披针形，颖果长圆形。

美丽茶藨子

Ribes pulchellum

科名：虎耳草科　属名：茶藨子属

形态特征：落叶灌木，幼枝红褐色，小枝灰褐色。叶片轮廓为阔卵圆形，掌状3裂或5裂，叶缘有锯齿。雌雄异株，雄花序疏松，雌花序密集，呈总状。

落新妇

Astilbe chinensis

科名：虎耳草科　属名：落新妇属

形态特征：多年生草本，具暗褐色的根状茎。基生叶为二至三回三出羽状复叶，顶生叶菱状，侧生叶卵形。总状花序圆锥形，密集多花，萼片5枚，卵形，花瓣5枚，线形。

梅花草

Parnassia palustris

科名：虎耳草科　属名：梅花草属

形态特征：多年生草本，有粗壮的根状茎。叶柄上有窄翼，叶片长圆形，边缘稍外翻，全缘。花单朵顶生，萼片长圆形，花瓣倒卵形。蒴果卵圆形。

山梅花

Philadelphus incanus

科名：虎耳草科　属名：山梅花属

形态特征：灌木，幼枝深红色，二年生枝条灰褐色。叶片卵形，叶缘有锯齿，繁殖枝上叶片较小。花序总状，萼筒钟状，前端裂片卵形，花冠圆形，花瓣近圆形。

溲疏

Deutzia scabra

科名：虎耳草科　属名：溲疏属

形态特征：落叶灌木，小枝红褐色，老枝会有薄片状剥落的情况。叶片卵状，前端渐尖，叶缘具锯齿。圆锥花序直立生长，萼筒钟状，花瓣长圆形，有毛。

绣球花

Hydrangea macrophylla

科名：虎耳草科　属名：绣球属

形态特征：落叶灌木，枝条淡灰色；茎从基部呈放射状向上伸展。叶片卵圆形，有三角状粗锯齿。顶生伞房花序近球形，有多数不孕花，花瓣长圆形，前端渐尖。

圆锥绣球

Hydrangea paniculata

科名：虎耳草科　属名：绣球属

形态特征：灌木或小乔木，枝条灰褐色。叶片椭圆形，边缘具密集粗锯齿。顶生聚伞状花序呈圆锥形，有多数不孕花，花瓣卵状披针形，前端渐尖。

中国绣球

Hydrangea chinensis

科名：虎耳草科　属名：绣球属

形态特征：灌木，小枝树皮红褐色，老枝树皮会有薄片状剥落。叶片宽披针形，叶缘中部往上有小锯齿。顶生聚伞状花序呈伞房状，花瓣长圆形或椭圆形，基部有小爪。

花蔺

Butomus umbellatus

科名：花蔺科　属名：花蔺属

形态特征：多年生水生草本，多丛生。有横向生长的根茎。叶基生，线形，前端渐尖。花葶圆柱形，顶端花序聚伞状，苞片卵形，外轮被片萼片状，内轮被片花瓣状。

小天蓝绣球

Phlox drummondii

科名：花葱科　属名：天蓝绣球属

形态特征：一年生直立草本，叶片长圆形或宽卵形，全缘。顶生聚伞状花序排列成圆锥状，花萼筒状，前端裂片三角状披针形，花冠高脚碟状，前端裂片圆形。

狗牙花

Ervatamia divaricata

科名：夹竹桃科　属名：狗牙花属

形态特征：常绿灌木，枝条灰绿色，皮孔明显。叶片椭圆形，叶脉深刻。花常假二歧状，双生叶腋呈聚伞状花序，苞片和萼片长圆形，花瓣为重瓣。

黄蝉 

Allemanda neriifolia

科名：夹竹桃科　属名：黄蝉属

形态特征：直立灌木，树皮灰白色。叶片椭圆形或倒卵形，全缘。顶生聚伞状花序，苞片披针形，花萼 5 深裂，裂片狭长圆形，花冠漏斗状，前端 5 裂，向左旋覆。

黄花夹竹桃 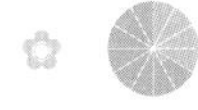

Thevetia peruviana

科名：夹竹桃科　属名：黄花夹竹桃属

形态特征：乔木，树皮棕褐色，上有明显的皮孔。叶线形或线状披针形，近革质，全缘。聚伞状花序顶生，花萼绿色，花冠呈漏斗状，5 裂，裂片向左旋覆。核果扁三角状球形，亮绿色。

红豆蔻  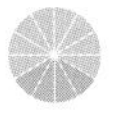

Alpinia galanga

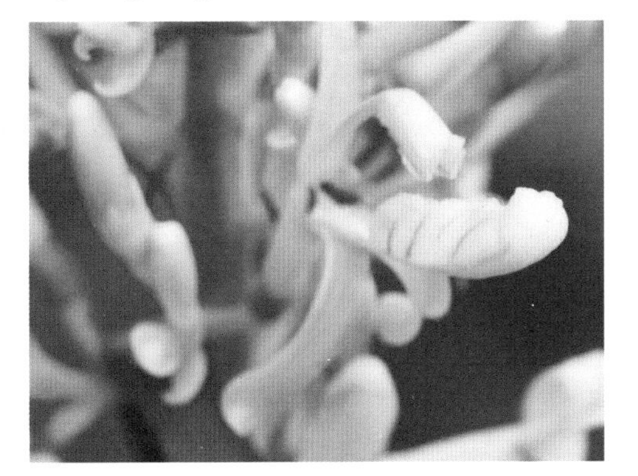

科名：姜科　属名：山姜属

形态特征：多年生草本，具块状茎。叶片卵状披针形或披针形，叶缘波状全缘。花密生呈圆锥花序，小苞片宽线形，花萼筒状，花冠前端有裂，裂片长圆形，唇瓣匙形，花有异味。

堇菜  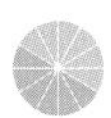

Viola verecunda

科名：堇菜科　属名：堇菜属

形态特征：多年生草本，具根状茎，茎上有节，节上密生须根。基生叶，叶片宽卵形，叶缘有波状圆齿；茎生叶全缘或有小锯齿。花腋生，萼片长圆形，前方花瓣倒卵形，侧面花瓣长圆形，下部的花瓣有条纹。

锦葵

Malva sinensis

科名：锦葵科　　属名：锦葵属

形态特征：二年或多年生草本，多分枝。叶肾形，叶缘有圆锯齿，两面无毛。花多朵簇生呈总状花序，萼片 5 裂，卵状三角形，花瓣 5 枚，倒心形。

芙蓉葵

Hibiscus moscheutos

科名：锦葵科　　属名：木槿属

形态特征：多年生草本，直立生长。叶片卵状长圆形，叶缘有钝锯齿。花在叶腋单生，苞片线形，有毛；花瓣倒卵形，有褶皱；花柱较长。

黄槿

Hibiscus tiliaceus

科名：锦葵科　　属名：木槿属

形态特征：常绿乔木或灌木，树皮灰白色。叶片近圆形，边缘有不明显的锯齿。花序聚伞状，苞片线状，花萼 5 裂，裂片披针形，花冠钟状，花瓣倒卵形。

木槿

Hibiscus syriacus

科名：锦葵科　　属名：木槿属

形态特征：落叶灌木，直立生长。叶片卵状三角形，3 裂，叶缘有缺刻。花单生叶腋，花萼钟形，有绒毛；花冠钟形，花瓣倒卵形，常褶皱。

金铃花

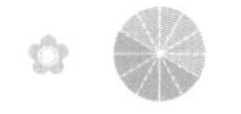

Abutilon striatum

科名：锦葵科　　属名：苘麻属

形态特征：常绿灌木。叶片掌状深裂，裂片 3~5，卵状披针形，叶缘有粗齿。花在叶腋单生，花梗长，呈下垂状，花萼钟形，具深裂，花冠钟形，花瓣 5 枚，倒卵形。

凹叶景天

Sedum emarginatum

科名：景天科　　属名：景天属

形态特征：多年生草本，茎柔软。叶片宽卵形，对生，先端有缺刻。顶生聚伞状花序，萼片 5 枚，狭长圆形，花瓣 5 枚，线形，整体呈线状披针形至披针形，花丝明显。

风铃草

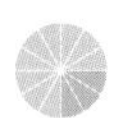

Campanula medium

科名：桔梗科　　属名：风铃草属

形态特征：二年生直立草本，茎粗壮。基生叶长圆状披针形，茎生叶矩圆形。顶生总状花序，花萼裂片 5 枚，花冠漏斗形，5 裂，花丝抽出。种子椭圆形，无毛。

百日菊

Zinnia elegans

科名：菊科　　属名：百日菊属

形态特征：一年生直立草本。叶片长椭圆形或心脏状卵形，全缘。花单生于枝顶形成头状花序，总苞片数层，卵圆形，舌状花花舌倒卵圆形，管状花花管先端开裂，裂片长圆形。

多花百日菊

Zinnia peruviana

科名：菊科　属名：百日菊属

形态特征：一年生直立草本，分枝呈二歧状。叶片狭长圆形或狭披针形，稍抱茎。头状花序顶生，组合成圆锥花序，总苞片数层，长圆形，舌状花椭圆形，管状花前端 5 裂，裂片长圆形。

翠菊

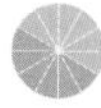

Callistephus chinensis

科名：菊科　属名：翠菊属

形态特征：一年生或二年生直立草本，分枝较少。茎中部叶卵形或菱状卵形，上部叶较小，呈披针形或线形。茎顶端单生头状花序，总苞片半球形，舌状花狭长圆形。

堆心菊

Helenium autumnale

科名：菊科　属名：堆心菊属

形态特征：多年生草本。叶片狭长圆形或线形，边缘全缘或下部分有锯齿。头状花序顶生，呈伞房状，管状花半球形，在中心聚集成丘状，舌状花倒披针形，前端浅裂。

风毛菊

Saussurea japonica

科名：菊科　属名：风毛菊属

形态特征：二年生直立草本，密生须根。叶片轮廓椭圆或披针形，羽状深裂，侧裂片三角状椭圆形，中部裂片较大。头状花序顶生，排列成伞房状，总苞圆柱状。

狗娃花

Heteropappus hispidus

科名：菊科　属名：狗娃花属

形态特征：一年或二年生草本，具纺锤状块根。基生叶和茎下部叶倒卵形，会在花期枯萎，中上部叶线形，草质。花序单生枝顶，总苞半球形，舌状花矩圆形，管状花聚集在中心，黄色。

火绒草

Leontopodium leontopodioides

科名：菊科　属名：火绒草属

形态特征：多年生草本，具粗壮地下茎。叶片线形，直立展开，有白色棉毛。雌雄异株，苞叶较小，披针形，上有灰白色厚绒毛，花序头状顶生，总苞半球形，雄花冠狭漏斗状，雌花冠丝状，冠毛白色。

刺儿菜

Cirsium setosum

科名：菊科　属名：蓟属

形态特征：多年生直立草本，茎上部有分枝。基生叶和茎下部叶卵状披针形，茎上部叶较小，呈披针形，边缘有锯齿。头状花序顶生，若有多个则排列成伞状，总苞钟状，花冠半球形。

魁蓟

Cirsium leo

科名：菊科　属名：蓟属

形态特征：多年生直立草本，上部有分枝。叶片轮廓为长圆形，羽状深裂，中裂片较大，侧裂片半椭圆形。头状花序聚生成伞房花序，总苞钟状，上有小刺，花冠半圆形。

黑心金光菊

Rudbeckia hirta

科名：菊科　　属名：金光菊属

形态特征：一年或二年生草本。茎下部叶长圆形或匙形，茎上部叶长圆状披针形，叶缘具锯齿。花序头状顶生，总苞片长圆形，托片线形，舌状花卵状披针形，管状花聚生中心，呈椭圆状，暗紫色。

大花金鸡菊

Coreopsis grandiflora

科名：菊科　　属名：金鸡菊属

形态特征：多年生直立草本，具分枝。基部叶叶柄较长，披针形，茎下部叶羽状全裂，裂片长卵圆形，中上部叶深裂。头状花序单生，总苞片披针形，舌状花宽线形，管状花较短，聚生花心。

剑叶金鸡菊

Coreopsis lanceolata

科名：菊科　　属名：金鸡菊属

形态特征：多年生直立草本，具纺锤状根。基部叶叶片数量较少，匙形或线状披针形；茎生叶 3 深裂，裂片长圆形或长披针形。头状花序单生枝顶，总苞片披针形，舌状花楔形，前端浅裂，管状花黄色。

金盏花

Calendula officinalis

科名：菊科　　属名：金盏花属

形态特征：一二年生草本，多分枝。叶互生，茎下部的叶匙形，全缘；茎生叶卵状长圆形，边缘波状。头状花序单生枝端，总苞片披针形，舌状花线形，管状花较短，前端浅裂。

菊蒿

Tanacetum vulgare

科名：菊科　　属名：菊蒿属

形态特征：多年生直立草本，上部有分枝。叶片椭圆形，二回羽状分裂，第一回全裂，第二回深裂，小裂片卵状三角形。头状花序密生茎顶排列成伞房花序，小花管状，花冠半球形。

菊苣

Cichorium intybus

科名：菊科　　属名：菊苣属

形态特征：多年生草本，茎直立。叶片倒披针状椭圆形，叶缘有不规则锯齿，先端尖。花腋生，花瓣数多，披针形，先端圆钝或有裂口，有斑点。

鳢肠

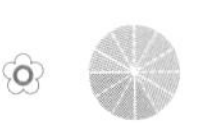

Eclipta prostrata

科名：菊科　　属名：鳢肠属

形态特征：一年生直立草本，基部分枝。叶片披针形，叶缘波状或有小锯齿。顶生头状花序，总苞钟形，舌状花较短，线形，管状花排列成较大的圆形，前端有浅裂。

林泽兰

Eupatorium lindleyanum

科名：菊科　　属名：泽兰属

形态特征：多年生直立草本。茎下部的叶花期掉落，中上部叶片长圆形或狭披针形，边缘有锯齿。顶生头状花序排列成伞房状，总苞钟状，苞片长圆形，具冠毛。

马兰

Kalimeris indica

科名：菊科　属名：马兰属

形态特征：多年生直立草本，具分枝。基生叶花期掉落，茎生叶倒披针形，叶缘中部以上具锯齿。顶生头状花序呈疏伞房状，总苞半球形，舌状花单层，较长，管状花黄色。

雪莲花

Saussurea involucrata

科名：菊科　属名：风毛菊属

形态特征：多年生草本，具粗壮的根状茎。叶片长圆状倒卵形，边缘有锯齿，最上部的叶呈苞叶状，黄绿色，绕花序排列，宽卵形。花序顶生密集，总苞半球形，小花管状，聚生中央。

黄秋英

Cosmos sulphureus

科名：菊科　属名：秋英属

形态特征：一年生直立草本。叶片二回羽状分裂，一回叶全裂，二回叶基部叶深裂，裂片椭圆形。单生头状花序，舌状花倒卵形，管状花前端具深色斑点。

秋英

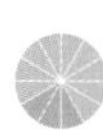

Cosmos bipinnata

科名：菊科　属名：秋英属

形态特征：一年或二年生草本，具纺锤状根。叶片二回羽状深裂，小裂片线形，全缘。头状花序顶生，总苞片革质，舌状花倒卵状椭圆形，管状花黄色，前端裂片披针形。

蛇鞭菊

Liatris spicata

科名：菊科　　属名：蛇鞭菊属

形态特征：多年生直立草本，茎基部膨大呈扁球形。叶片条状，随茎向上逐渐变小，全缘。头状花序顶生呈穗状，总苞钟形，舌状花线形，小花自上向下次第开放。

蓍

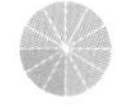

Achillea alpina（*A.sibirica*）

科名：菊科　　属名：蓍属

形态特征：多年生直立草本，根茎匍匐。叶片矩圆形，二至三回羽状深裂，裂片披针状至条形。头状花序密生成复伞房花丛，总苞近卵形，舌状花近圆形，管状花盘状。

天人菊

Gaillardia pulchella

科名：菊科　　属名：天人菊属

形态特征：一年生草本，上部多分枝。茎下部叶倒披针形，叶缘波状，上部叶长椭圆形。头状花序顶生，总苞片披针形，舌状花阔楔形，管状花顶端有三角状裂片，渐尖。

茼蒿

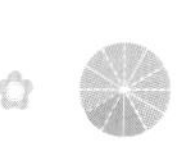

Chrysanthemum coronarium

科名：菊科　　属名：茼蒿属

形态特征：一二年生草本，茎不分枝或在上部分枝。下部叶长圆状椭圆形，二回羽状分裂，一回深裂，二回浅裂。头状花序顶生，总苞片和花瓣等长或较长，花瓣舌状，前端浅裂。

孔雀草

Tagetes patula

科名：菊科　　属名：万寿菊属

形态特征：一年生直立草本，在基部分枝。叶片羽状分裂，裂片狭披针形，具锯齿。单生头状花序，总苞筒状，舌状花近圆形，有红色斑点，管状花黄色，和冠毛长度一致。

万寿菊

Tagetes erecta

科名：菊科　　属名：万寿菊属

形态特征：一年生直立草本，具分枝。叶片羽状全裂，裂片长椭圆形或披针形，叶缘有锯齿。头状花序在茎顶单生，总苞杯状，舌状花倒卵形，管状花前端有浅裂。

香青

Anaphalis sinica

科名：菊科　　属名：香青属

形态特征：多年生直立草本，具根状茎。茎下部叶开花后枯萎，中上部叶线形，随茎向上逐渐变小。头状花序密生呈伞房状，花双性，总苞钟状，花冠前端有浅裂。

向日葵

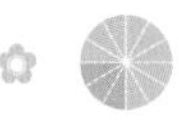

Helianthus annuus

科名：菊科　　属名：向日葵属

形态特征：一年生直立草本，一般不分枝。叶片卵圆形，叶缘具粗锯齿。头状花序顶生，花大，总苞片卵状披针形，舌状花卵状披针形，较伸展，管状花多数，常为棕色。

旋覆花

Inula britannica

科名：菊科　　属名：旋覆花属

形态特征：多年生直立草本，有横向生长的根状茎。基部叶会在开花时凋落，中部叶狭披针形，边缘疏生小锯齿。头状花序排列成疏松的伞房状，总苞半球形，苞片线状，舌状花线形，管状花前端裂片三角形。

一年蓬

Erigeron annuus

科名：菊科　　属名：飞蓬属

形态特征：一年或二年生直立草本，茎上部分枝。基部叶开花后会枯萎，下部叶宽卵形，中上部叶披针形，叶缘有锯齿。头状花序排列成伞房状，总苞半球形，舌状花线形，管状花黄色。

加拿大一枝黄花

Solidago canadensis

科名：菊科　　属名：一枝黄花属

形态特征：多年生直立草本，具根状茎。叶片线状披针形，具尖锐锯齿。头状花序在分枝花序轴上呈穗状排列，组成顶生圆锥花序，总苞半球形，苞片线状，舌状花较短。

紫菀

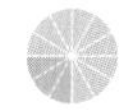

Aster tataricus

科名：菊科　　属名：紫菀属

形态特征：多年生直立草本。叶片稀疏。基部叶开花时枯萎，长圆形，下部叶匙状长圆形，有小锯齿。头状花序呈复伞状排列，总苞半球形，舌状花线形，管状花前端开裂。

麦秆菊

Helichrysum bracteatum

科名：菊科　属名：蜡菊属

形态特征：一年生或多年生直立草本，常分枝。叶片线形，沿茎向上逐渐变小。总苞片宽披针形，基部较厚，外层舌状花伸展，内层舌状花合抱或稍打开，管状花外层较长。

银香菊

Santolina chamaecyparissus

科名：菊科　属名：银香菊属

形态特征：多年生草本，分枝多。叶片灰白色，在叶轴上呈穗状。头状花序单生于花序轴顶端，管状花呈球形，似纽扣，有香味。

珊瑚花

Cyrtanthera carnea

科名：爵床科　属名：珊瑚花属

形态特征：草本或半灌木，茎具分叉枝。叶披针形，先端渐尖，叶缘无锯齿或有微波状，叶背有突出叶脉。花组成穗状花序顶生，苞片矩圆形，先端尖，边缘有毛。

贝母兰

Coelogyne cristata

科名：兰科　属名：贝母兰属

形态特征：附生草本，假鳞茎卵形，具根状茎。顶生 2 枚叶。叶片狭披针形，坚纸质，全缘。花葶从根状茎上抽出，花序总状，苞片卵状披针形，萼片狭长圆形，唇瓣卵形。

杜鹃兰 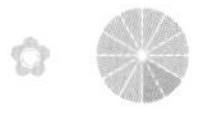

Cremastra appendiculata

科名：兰科　　属名：杜鹃兰属

形态特征：多年生地生草本，具假鳞茎。叶片 1 片，从假鳞茎顶端长出，近椭圆形，全缘。花葶较长，从假鳞茎上抽出，花总状，在花葶一侧生出，萼片倒披针形，花瓣倒披针形或狭披针形，唇瓣条状，花微香。

火烧兰 

Epipactis helleborine

科名：兰科　　属名：火烧兰属

形态特征：地生草本，具粗短的根状茎。叶片卵形或椭圆状披针形，随茎向上逐渐变为披针形。花序总状，苞片呈叶状，中萼片长圆形，侧萼片稍斜，花瓣椭圆形，唇瓣中间凹状，上唇三角状，下唇兜状。

建兰 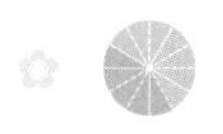

Cymbidium ensifolium

科名：兰科　　属名：兰属

形态特征：多年生草本，具假鳞茎。叶片长披针形，上部边缘稍有小齿。花葶从基部抽出，花序总状，萼片长圆形，侧萼片稍斜，花瓣狭椭圆形，唇瓣卵状矩圆形，上有 3 裂，中裂片波状，花较香。

山兰 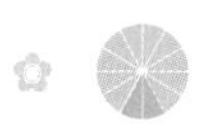

Oreorchis patens

科名：兰科　　属名：山兰属

形态特征：地生草本，有近圆形的假鳞茎。叶片 1 片，生于假鳞茎顶端，线形或线状卵形，花葶从假鳞茎上抽出，花序总状，苞片狭披针形，萼片和花瓣呈披针形，唇瓣 3 裂，裂片边缘稍有齿。

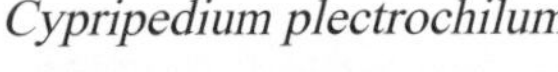

离萼杓兰

Cypripedium plectrochilum

科名：兰科　属名：杓兰属

形态特征：多年生草本，根状茎粗短。叶片基部具鞘，鞘抱茎，叶片长圆形，全缘。花单朵顶生，苞片呈叶状，中萼片长圆形，侧萼片线形，离生，唇瓣深囊状，似小豆。

杓兰

Cypripedium calceolus

科名：兰科　属名：杓兰属

形态特征：多年生直立草本，根状茎粗壮。叶片卵状椭圆形，叶脉较深，边缘有小毛。1~2 朵花顶生，苞片长圆形，呈叶状，萼片卵形，花瓣线形，唇瓣囊状，椭圆形。

紫点杓兰

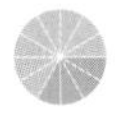

Cypripedium guttatum

科名：兰科　属名：杓兰属

形态特征：多年生直立草本，根状茎横向生长，茎基部有鞘。叶片顶生，叶片长圆形，先端渐尖。单花顶生，苞片长圆形，呈叶状，萼片卵状椭圆形，花瓣近提琴形，唇瓣囊状，呈钵形。

束花石斛

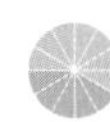

Dendrobium chrysanthum

科名：兰科　属名：石斛属

形态特征：多年生草本，具粗厚的肉质茎。叶片长圆形，下部有叶鞘，抱茎。侧生花序伞状，花苞片卵状三角形，萼片稍凹，中萼片椭圆形，侧萼片卵状三角形，花瓣倒卵形，唇瓣肾形。

银带虾脊兰

Calanthe argenteo-striata

科名：兰科　属名：虾脊兰属

形态特征：多年生草本，具圆锥状的假鳞茎。叶片长圆形或椭圆形，先端急尖。花葶从叶腋抽出，花序总状，上有十多朵花，苞片宽卵形，萼片椭圆形或卵形，花瓣近匙形。

多花指甲兰

Aerides rosea

科名：兰科　属名：指甲兰属

形态特征：多年生草本，有粗壮的茎。叶片窄披针形或带形，肉质。花序轴较长，花序总状密生多花，苞片长圆形，萼片倒卵形，侧萼片稍斜，唇瓣 3 裂，侧裂片较小，中裂片近菱形，边缘上有锯齿。

朱兰

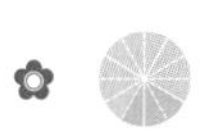

Pogonia japonica

科名：兰科　属名：朱兰属

形态特征：多年生草本，根状茎直立。叶片长圆形,在基部抱茎。单花顶生,斜向展开,花苞片狭披针形，呈叶状，萼片狭长圆状倒披针形，唇瓣披针形，中部 3 裂，侧裂片前端有小齿，中裂片倒卵形，前端有缺刻。

米仔兰

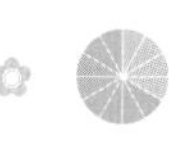

Aglaia odorata

科名：楝科　属名：米仔兰属

形态特征：小乔木或灌木，多分枝。奇数羽状复叶，叶柄上有小翅，小叶片倒卵形，全缘。腋生花序圆锥状，花萼 5 裂，花瓣 5 枚，近圆形，雄蕊管近钟状，无毛。

红蓼

Polygonum orientale

科名：蓼科　　属名：蓼属

形态特征：一年生直立草本，上部分枝较多。叶片卵状披针形，边缘有毛，全缘。总状花序排列成圆锥状，苞片呈漏斗状，花被5深裂，裂片椭圆形。

头花蓼

Polygonum capitatum

科名：蓼科　　属名：蓼属

形态特征：多年生草本，具丛生的匍匐茎，分枝多。叶片椭圆形或卵形，全缘。头状花序顶生，苞片长圆形，花被5深裂，裂片椭圆。瘦果长圆形，黑褐色。

山蓼

Oxyria digyna

科名：蓼科　　属名：山蓼属

形态特征：多年生直立草本，具粗壮根状茎。叶片基生，肾形，基部心形，全缘。总状花序圆锥状，花被片4枚，外轮2被片，向外翻折，内轮2被片，倒卵形。

倒挂金钟

Fuchsia hybrida

科名：柳叶菜科　　属名：倒挂金钟属

形态特征：半灌木，枝条直立。叶片椭圆形，前端渐尖，叶缘有浅齿。两性花单生，下垂，花管筒状，萼片三角状披针形或长圆形，花开时反折，花瓣宽倒卵形。

黄花水龙

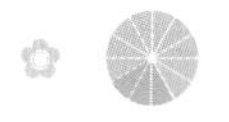

Ludwigia peploides

科名：柳叶菜科　　属名：丁香蓼属

形态特征：多年生浮水或挺水草本，密生须状根。有较长的浮水茎和较短的直立茎。叶片长圆形，全缘。花在叶腋单生，苞片三角状，萼片5枚，三角形，花瓣5枚，倒卵形。

柳兰

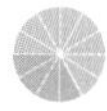

Epilobium angustifolium

科名：柳叶菜科　　属名：柳叶菜属

形态特征：多年生直立草本，常上部分枝。叶片卵状披针形，随茎向上逐渐变为狭披针形，叶缘有疏齿。总状花序顶生呈圆锥状，下部苞片叶状，萼片长圆状披针形。

山桃草

Gaura lindheimeri

科名：柳叶菜科　　属名：山桃草属

形态特征：多年生直立草本，分枝多。叶片倒披针形，叶缘有波状齿。花序直立生于枝顶，呈穗状，苞片窄披针形，萼片开花时反折，花瓣偏于一侧，椭圆形，花丝伸出。

月见草

Oenothera stricta

科名：柳叶菜科　　属名：月见草属

形态特征：二年生直立草本，茎不分枝。叶片倒披针形，随茎向上逐渐变小，叶缘有钝齿。穗状花序顶生，苞片叶状，萼片窄长圆形，未开花时闭合，开花后向外反折，又自中部上翻。

六出花

Alstroemeria hybrid

科名：六出花科　　属名：六出花属

形态特征：多年生草本。叶片长椭圆形，先端渐尖，叶缘有密锯齿。腋生花序呈总状，多朵花疏生，苞片卵状，花萼5裂，裂片卵状三角形，花冠坛形，前端5浅裂。

龙胆

Gentiana scabra

科名：龙胆科　　属名：龙胆属

形态特征：多年生草本，根茎或直立或匍匐。花枝直立，近圆形，单生。枝下部叶鳞片状，抱茎，中上部叶狭披针形，叶缘微外卷。花多数簇生，苞片狭披针形，萼筒宽筒状，前端裂片线形，花冠筒状钟形。

蓝玉簪龙胆

Gentiana veitchiorum

科名：龙胆科　　属名：龙胆属

形态特征：多年生草本，须状根肉质。基部叶呈莲花座状，狭披针形；茎生叶卵形，沿茎向上逐渐变为披针形，且逐渐变小。单花生于枝顶，萼筒筒状，前端裂片线形，花冠漏斗状。

洋桔梗

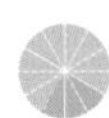

Eustoma grandiflorum

科名：龙胆科　　属名：洋桔梗属

形态特征：多年生草本，常作一二年生栽培。叶片变化大，从卵形到披针形，基部抱茎，全缘。花单朵顶生，苞片宽线形，花冠漏斗状，花瓣因品种不同会有单瓣和重瓣的区别，重瓣花花瓣呈覆瓦状排列。

大钟花

Megacodon stylophorus

科名：龙胆科　　属名：大钟花属

形态特征：多年生草本。茎直立，粗壮。叶草质，绿色。花 2~8 朵，顶生及叶腋生，组成假总状聚伞状花序；花冠黄绿色，有绿色和褐色网脉，钟形；花丝白色，扁平。蒴果椭圆状披针形。花果期 6~9 月。

独丽花

Moneses uniflora

科名：鹿蹄草科　　属名：独丽花属

形态特征：常绿矮小草本状亚灌木，茎横向生长，具分枝。叶片基生，近圆形，叶缘有锯齿。花葶有卵状小翅，呈兜状。花单朵顶生，花萼卵状椭圆形，花冠碟形，花瓣卵形。

落葵

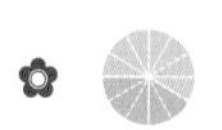

Basella rubra

科名：落葵科　　属名：落葵属

形态特征：一年生缠绕草本。叶肉质，广卵形，先端渐尖，全缘。花序穗状腋生，苞片很小，早落，小苞片 2 枚，宿存，萼状，被片卵状长圆形。果实黑色，近球形。

赪桐

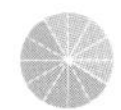

Clerodendron japonicum

科名：马鞭草科　　属名：大青属

形态特征：落叶灌木，枝条干后还是实心。叶片心形或卵圆形，表面有毛，叶缘有疏锯齿，有毛。花序二歧分枝，聚伞状花序顶生成圆锥花序，苞片卵状披针形，花萼 5 深裂，裂片卵形，花冠裂片长圆状展开，雄蕊伸出。

臭牡丹

Clerodendron bungei

科名：马鞭草科　　属名：大青属

形态特征：落叶小灌木，枝条上皮孔明显。叶片卵形或阔卵形，纸质，叶缘有锯齿。聚伞状花序顶生呈伞房状，苞片卵状披针形；花萼钟状，花冠前端裂片倒卵形，雄蕊伸出。植株有臭味。

海州常山

Clerodendron trichotomum

科名：马鞭草科　　属名：大青属

形态特征：灌木或小乔木，老枝灰白色，上有皮孔。叶片卵状三角形，常全缘，有时有波状齿。聚伞状花序呈伞房状，常二歧分枝，较疏散，苞片椭圆形，叶状，花萼5深裂，裂片卵形，花冠裂片长圆形。

假连翘

Duranta repens

科名：马鞭草科　　属名：假连翘属

形态特征：常绿灌木，小枝上有皮刺。叶片长圆形，前端有锯齿，有时全缘。总状花序排成圆锥状，花萼管状，5裂，花冠5裂，裂片平展，边缘呈褶皱状。

美女樱

Verbena hybrida

科名：马鞭草科　　属名：马鞭草属

形态特征：多年生草本，常作一二年生栽培。茎匍匐状，常丛生。叶片三角状披针形或卵状披针形，叶缘有钝锯齿。顶生穗状花序排列成伞房状，花萼细筒状，花冠漏斗状，花瓣开展，前端有2裂。

蒙古莸

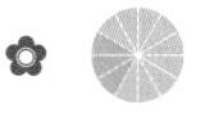

Caryopteris mongholica

科名：马鞭草科　　属名：莸属

形态特征：落叶小灌木，有分枝。叶片线状披针形或线状长圆形，全缘。腋生聚伞状花序呈总状，无苞片，花萼钟状，深 5 裂，裂片线状披针形，花冠 5 裂，边缘缺刻密集。

大花马齿苋

Portulaca grandiflora

科名：马齿苋科　　属名：马齿苋属

形态特征：一年生草本，有分枝。叶片细圆柱形，随茎向上逐渐密集，全缘。花单朵或多朵簇生枝顶，白天开放，总苞叶状，萼片卵状三角形，单瓣花 5 枚或重瓣，倒卵形。

老鹳草

Geranium wilfordii

科名：牻牛儿苗科　　属名：老鹳草属

形态特征：多年生草本，根茎直立粗壮。基生叶和茎生叶对生，基生叶片圆肾形，茎生叶长卵形，先端尖。花腋生或顶生，花瓣 5 枚，倒卵形，花丝淡棕色。

牻牛儿苗

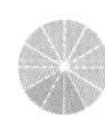

Erodium stephanianum

科名：牻牛儿苗科　　属名：牻牛儿苗属

形态特征：多年生草本，茎呈仰卧状或蔓生。叶对生，托叶三角状披针形，先端尖，两面有柔毛。花单生或 2~5 朵聚生，无香味，花瓣 5 枚，倒卵形。

天竺葵

Pelargonium hortorum

科名：牻牛儿苗科　属名：天竺葵属

形态特征：多年生草本。叶互生，圆形，叶缘呈波浪状，有细锯齿，两面有柔毛。花聚集伞状花序腋生，无香味，花瓣宽倒卵形，先端圆形或微有缺口。

翠雀

Delphinium grandiflorum

科名：毛茛科　属名：翠雀属

形态特征：多年生草本。叶圆五角形，有裂口近菱形，两面有疏毛或无毛。花生于茎顶或侧端，花瓣蓝色，顶端圆形。

飞燕草

Consolida ajacis

科名：毛茛科　属名：飞燕草属

形态特征：一年生草本，茎有疏分枝。叶掌状，裂成狭线形小裂片，有柔毛。花单生或聚生，生于茎或分枝顶端，花瓣 3 裂，萼片宽卵形。

金莲花

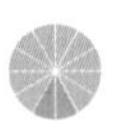

Trollius chinensis

科名：毛茛科　属名：金莲花属

形态特征：多年生草本，全株无毛。叶片五角形，3 全裂，先端急尖，叶缘密生锐齿。花单生顶部或少数几朵组成稀疏的聚伞状花序，花瓣线形。

华北耧斗菜

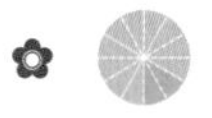

Aquilegia yabeana

科名：毛茛科　　属名：耧斗菜属

形态特征：多年生草本，根呈圆柱形。叶倒卵形或宽菱形，边缘有锯齿，先端尖，叶表无毛，叶背有疏毛。花呈下垂状，无香味，花瓣长椭圆形，先端尖。

驴蹄草

Caltha palustris

科名：毛茛科　　属名：驴蹄草属

形态特征：多年生草本，茎有细纵向沟纹。叶片圆形或心形，叶缘有细锯齿，叶表有明显纹路。花生于茎顶，花瓣倒卵形，先端圆钝或尖，边缘平滑。

川赤芍

Paeonia veitchii

科名：毛茛科　　属名：芍药属

形态特征：多年生草本，根圆柱形。叶呈羽状分裂，披针形，先端尖，叶表深绿色，叶背淡绿色。花生于茎顶及叶腋，花瓣倒卵形，边缘不平滑。

唐松草

Thalictrum aquilegifolium

科名：毛茛科　　属名：唐松草属

形态特征：多年生草本，茎粗壮。叶对生，倒卵形，先端圆钝或微钝。花聚合密集呈伞房状花序，萼片白色，椭圆形。果倒卵形。

露蕊乌头

Aconitum gymnandrum

科名：毛茛科　　属名：乌头属

形态特征：一年生草本，根近圆柱形。叶三角状卵形，叶表有疏毛，叶背初期有，后变无。花聚合顶生，花瓣有疏毛，长椭圆形，先端圆钝。

单性木兰

Kmeria septentrionalis

科名：木兰科　　属名：单性木兰属

形态特征：乔木，树干胸径可达 40cm，树皮灰色。叶表亮绿色，两面无毛，叶缘平滑无锯齿，先端圆钝而微缺。花生于叶腋，花瓣长卵形，先端圆钝。

白兰

Michelia alba

科名：木兰科　　属名：含笑属

形态特征：常绿乔木，树皮灰褐色。叶长椭圆形，先端尖，叶缘光滑无锯齿。花生于叶腋，香味浓厚，花瓣披针形，先端尖，两面均无毛。

黄兰

Michelia champaca

科名：木兰科　　属名：含笑属

形态特征：乔木，枝向上斜展。叶长椭圆形，先端尖，叶缘无锯齿，叶表光亮无毛，叶背基部中脉突出。花香味浓，花瓣长披针形，先端尖。

荷花玉兰

Magnolia grandiflora

科名：木兰科　　属名：木兰属

形态特征：常绿乔木，树皮淡褐色。叶长椭圆形，叶表光滑无毛，叶缘无锯齿。花有芳香，椭圆状；苞片大，层叠向外开放。果长圆形。

天女木兰

Magnolia sieboldii

科名：木兰科　　属名：木兰属

形态特征：落叶小乔木，枝浅灰褐色。叶表绿色，叶背苍白色，宽卵形，叶缘无锯齿，先端尖。花叶同放，有香味，杯状，花瓣圆卵形。

夜香木兰

Magnolia coco

科名：木兰科　　属名：木兰属

形态特征：常绿小乔木，树皮灰色。叶狭椭圆形，先端尖，叶表深绿色，有光泽，有明显纹脉。花生于叶腋，圆球形，花瓣倒卵形，花梗呈弯曲下垂状。

桂南木莲

Manglietia chingii

科名：木兰科　　属名：木莲属

形态特征：常绿乔木，树皮灰色。叶表深绿色，有光泽，叶背灰绿色，叶片披针形，先端尖或钝。花卵圆形，花梗向下弯曲，花瓣倒卵状椭圆形。

红色木莲

Manglietia insignis

科名：木兰科　属名：木莲属

形态特征：常绿乔木，树干胸径可达40cm。叶倒披针形，先端尖，叶缘无锯齿。花梗粗壮，生于叶腋，花瓣长椭圆匙形，先端圆钝，有香味。

木莲

Manglietia fordiana

科名：木兰科　属名：木莲属

形态特征：乔木，嫩枝有红褐色柔毛。叶狭披针卵形，先端尖，叶缘无锯齿，稍向内卷。花苞片倒卵形，先端稍尖，花被纯白色。聚合果褐色。

蓝丁香

Syringa meyeri

科名：木樨科　属名：丁香属

形态特征：矮灌木，枝灰棕色，直立状。叶表深绿色，无毛，叶背浅绿色，有疏毛或无毛。花聚集密生呈圆锥花序，生于侧芽或顶生，花无香味。

茉莉花

Jasminum sambac

科名：木樨科　属名：素馨属

形态特征：灌木，小枝圆柱形。叶对生，椭圆形或倒卵形，先端尖，叶缘平滑，叶表有明显脉络。花单生或少数朵聚生于顶端，有清新香味，花瓣多层开放。

女贞

Ligustrum lucidum

科名：木樨科　　属名：女贞属

形态特征：灌木或乔木。叶片常绿，革质，卵形、长卵形或椭圆形。圆锥花序顶生；花序轴及分枝轴无毛，紫色或黄棕色；花序基部苞片常与叶同型，小苞片披针形或线形。

千屈菜

Lythrum salicaria

科名：千屈菜科　　属名：千屈菜属

形态特征：多年生草本，根茎横卧在地下。叶对生，狭披针形，先端尖，叶缘无锯齿。花聚生呈穗状花序，由下向上间接层生，花瓣阔披针形，无香味。

紫薇

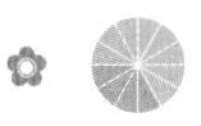

Lagerstroemia indica

科名：千屈菜科　　属名：紫薇属

形态特征：落叶灌木或小乔木，树皮灰色，平滑。叶互生，叶表光滑无毛，先端渐尖，叶缘无锯齿。花呈圆锥花序，顶生于细枝，花瓣呈皱褶状。

六月雪

Serissa japonica

科名：茜草科　　属名：白马骨属

形态特征：小灌木，枝灰色。叶卵形，先端尖，无锯齿。花单生或少数丛生于小枝或腋下，花瓣张开向外弯曲，先端尖。

牛白藤

Hedyotis hedyotidea

科名：茜草科　属名：耳草属

形态特征：藤状灌木。叶对生，长卵形，先端尖，叶表粗糙，有明显脉络，叶背有柔毛。花白色，呈筒状，密集聚生呈伞房状，花梗短，花瓣向外翻卷。

鸡矢藤

Paederia scandens

科名：茜草科　属名：鸡矢藤属

形态特征：藤本，茎呈扁圆柱形。叶对生，披针形，叶缘平滑，先端尖。花呈杯状，花瓣由先端分裂成 5 瓣，向外展开，有柔毛。

龙船花

Ixora chinensis

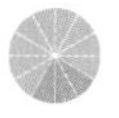

科名：茜草科　属名：龙船花属

形态特征：灌木，小枝灰色，有光泽。叶对生，长圆状披针形，先端圆钝，叶柄极短。花密集聚合顶生，呈伞状，花瓣倒卵形，先端圆钝。

五星花

Pentas lanceolata

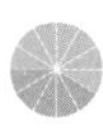

科名：茜草科　属名：五星花属

形态特征：亚灌木。叶卵形，先端尖，叶缘无锯齿，叶表粗糙，有明显脉络。花呈五角星形，密集聚合成伞状花序，花瓣长卵圆形，先端尖。

貉藤花

Mussaenda esquirolii

科名：茜草科　属名：玉叶金花属

形态特征：灌木，嫩枝有柔毛。叶表淡绿色，叶背浅灰色，幼时两面均有疏毛，老时消失。花聚集成伞状花序，顶生，苞片披针形，渐尖。

红纸扇

Mussaenda erythrophylla

科名：茜草科　属名：玉叶金花属

形态特征：灌木。叶片纸质，披针状椭圆形，先端尖，基部窄，叶缘平滑，叶表有明显脉络。花冠呈五角星状，由中脉向上凸起，萼片呈大叶状，深红色。

玉叶金花

Mussaenda pubescens

科名：茜草科　属名：玉叶金花属

形态特征：攀缘灌木，嫩枝有短柔毛。叶对生，卵状披针形，先端尖，叶表无毛或疏毛，叶背有柔毛。花顶生，伞状花序，花叶椭圆形，先端尖。

扁核木

Prinsepia utilis

科名：蔷薇科　属名：扁核木属

形态特征：落叶灌木，老枝粗壮。叶片长圆形，先端渐尖，叶缘无锯齿或有浅锯齿，两面均无毛。花聚合总状花序腋生或顶生，小苞片披针形。

花楸树

Sorbus pohuashanensis

科名：蔷薇科　　属名：花楸属

形态特征：乔木，小枝灰褐色。叶对生，长狭披针形，先端尖，叶缘有细锯齿。花密集聚合成复伞房状花序，顶生，花瓣卵圆形，无香味。果近球形。

风箱果

Physocarpus amurensis

科名：蔷薇科　　属名：风箱果属

形态特征：灌木，小枝无毛或近无毛。冬芽卵形，被柔毛。叶三角状卵形至宽卵形，先端急尖或渐尖，有重锯齿，下面微被星状柔毛。花序伞形总状，花序梗与花梗均密被星状柔毛。

单瓣缫丝花

Rosa roxburghii

科名：蔷薇科　　属名：蔷薇属

形态特征：灌木，树皮灰褐色，有脱皮现象。叶片椭圆形，先端尖，叶缘有细锯齿，两面均无毛，叶背有明显叶脉凸起。花生于短枝顶部，带有微香。

硕苞蔷薇

Rosa bracteata

科名：蔷薇科　　属名：蔷薇属

形态特征：常绿灌木，小枝有柔毛。叶椭圆形，先端圆钝，叶缘有圆钝锯齿，叶表光滑无毛。花单生或 2~3 朵聚生于枝顶，花瓣卵圆形，边缘有不规则缺口。

绣球蔷薇

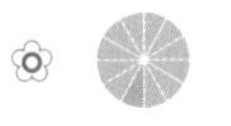

Rosa glomerata

科名：蔷薇科　　属名：蔷薇属

形态特征：灌木，小枝有柔毛。叶表深绿色，有褶皱，叶背淡绿色至灰色，有明显叶脉。花多数密集呈伞房花序，花瓣宽倒卵形，先端微凹，外部有绢毛。

野蔷薇

Rosa multiflora

科名：蔷薇科　　属名：蔷薇属

形态特征：攀缘灌木，小枝圆柱形。叶片倒卵圆形，先端急尖，叶缘有尖锐锯齿，叶表无毛，叶背有柔毛。花排成伞房花序，苞片卵圆形，先端微凹。

金露梅

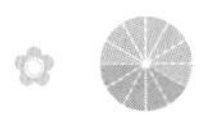

Potentilla fruticosa

科名：蔷薇科　　属名：委陵菜属

形态特征：灌木，树皮有纵向裂纹，会脱落。叶倒卵长圆形，先端尖或圆钝，两面有柔毛，后脱落至近无毛。花单生或几朵聚合生于枝顶，花瓣倒卵形，先端圆钝。

粉花绣线菊

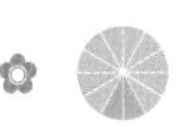

Spiraea japonica

科名：蔷薇科　　属名：绣线菊属

形态特征：灌木，枝条细长。叶椭圆形，先端渐尖，叶缘有锯齿，叶表暗绿色，叶背浅绿色。花密集聚合成复伞房花序，生于枝顶，花瓣卵圆形，先端圆钝。

郁李

 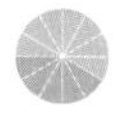

Cerasus japonica

科名：蔷薇科　属名：樱属

形态特征：灌木，小枝灰褐色。叶片卵形，先端渐尖，边缘有锯齿，叶表深绿色，叶背浅绿色。花 1~3 朵聚生，花瓣倒卵形，先端锯齿状，多层花瓣叠生。

珍珠梅

Sorbaria sorbifolia

科名：蔷薇科　属名：珍珠梅属

形态特征：灌木，小枝圆柱形，初期绿色，老后暗红色。叶对生，卵状披针形，先端尖，叶缘有锯齿。圆锥花序顶生，苞片披针形。

枸杞

Lycium chinense

科名：茄科　属名：枸杞属

形态特征：灌木，枝条淡灰色，有纵向条纹。叶长椭圆形，先端尖，叶缘平滑。花生于枝或叶腋，花型较小，花瓣 5 枚，花冠漏斗状，裂片卵形。

假酸浆

 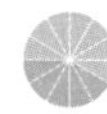

Nicandra physalodes

科名：茄科　属名：假酸浆属

形态特征：一年生草本，须根纤细。叶互生，叶卵形或椭圆形，先端尖，叶缘有不规则锯齿，叶表有明显脉络。花生于叶腋，花冠钟状。

曼陀罗

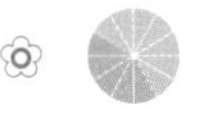

Datura stramonium

科名：茄科　　属名：曼陀罗属

形态特征：草本或半灌木状，茎带紫色。叶互生，宽卵形，先端尖，叶缘呈不规则波状浅裂。花生于叶腋或枝间，呈杯状，花萼筒部有5个棱角。

木本曼陀罗

Datura arborea

科名：茄科　　属名：曼陀罗属

形态特征：小乔木，茎粗壮。叶卵状披针形，顶端渐尖，叶缘有不规则缺齿，两面有柔毛。花单生，下垂，喇叭状，先端有尖棱角，柱头膨大。

白英

Solanum lyratum

科名：茄科　　属名：茄属

形态特征：草质藤本，小枝有柔毛。叶互生，先端渐尖，两面均有亮柔毛，有明显中脉。花顶生或腋生，呈五角星状，先端有柔毛。浆果红色。

花烟草

Nicotiana alata

科名：茄科　　属名：烟草属

形态特征：多年生草本。叶互生于茎下部，长矩圆形，先端圆钝，叶缘平滑。聚合花序生于茎上部至顶部，花瓣卵圆形，有中脉，先端圆钝或稍尖。

秋海棠

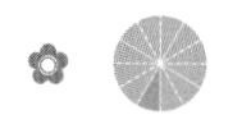

Begonia grandis

科名：秋海棠科　　属名：秋海棠属

形态特征：多年生草本，茎直立状，有棱角。叶互生，轮廓宽卵形，先端渐尖，叶缘有不规则三角齿，两面有毛。花数量多，呈下垂状，花梗长。

荚蒾

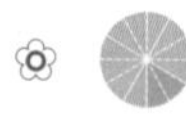

Viburnum dilatatum

科名：忍冬科　　属名：荚蒾属

形态特征：落叶灌木，小枝有短柔毛。叶宽卵形，先端急尖，叶缘有锯齿，两面有毛。复伞形式聚伞状花序生于短枝顶部。果实红色，卵球形，型小量多。

鸡树条

Viburnum opulus

科名：忍冬科　　属名：荚蒾属

形态特征：落叶灌木，小枝有皮孔。叶广卵形，无毛，叶缘有不规则锯齿。复伞形花序，花冠白色，裂片近圆形，生于叶腋。球果红色。

淡红忍冬

Lonicera acuminata

科名：忍冬科　　属名：忍冬属

形态特征：落叶或半常绿藤本。叶条状披针形，先端渐尖，两面有毛。花生于叶腋，小苞片宽卵形，有缘毛。果实蓝黑色，卵圆形。

金银忍冬

Lonicera maackii

科名：忍冬科　　属名：忍冬属

形态特征：落叶灌木。叶对生，卵状椭圆形，先端渐尖，叶表有明显叶脉。花生于叶腋，有香味，花瓣初期为白色，后渐变黄。果实暗红色。

忍冬

Lonicera japonica

科名：忍冬科　　属名：忍冬属

形态特征：半常绿藤本，幼枝有毛。叶卵状披针形，先端尖，叶表深绿色，叶背浅绿色。花通常生于小枝叶腋，花冠白色，后变黄色，会有外卷现象。

蕺菜

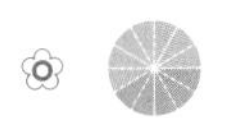

Houttuynia cordata

科名：三白草科　　属名：蕺菜属

形态特征：多年生草本。叶阔卵形，先端尖，基部心形，两面在叶脉处有毛。花生于叶腋，花梗长，花瓣白色，顶端圆钝。

白檀

Symplocos paniculata

科名：山矾科　　属名：山矾属

形态特征：落叶灌木或小乔木，老枝无毛。叶阔倒卵形，先端渐尖，叶缘有细锯齿，叶背中脉突出。圆锥花序生于叶腋。熟果蓝色。

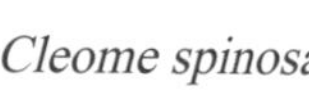

醉蝶花

Cleome spinosa

科名：山柑科　　属名：白花菜属

形态特征：一年生草本，有托叶刺，全株有臭味。叶椭圆披针形，先端渐尖，两面有毛。花聚合顶生，花瓣卵圆形，多数为玫瑰紫色，有少见白色。

红瑞木

Swida alba

科名：山茱萸科　　属名：梾木属

形态特征：灌木，树皮红紫色，幼枝有柔毛。叶对生，椭圆形，先端渐尖，叶缘平滑。花呈伞房状聚伞状花序，生于枝顶或叶腋，花瓣椭圆形。

四照花

Dendrobenthamia japonica var. *chinensis*

科名：山茱萸科　　属名：四照花属

形态特征：落叶小乔木，小枝灰褐色。叶对生，卵状椭圆形，先端尖，叶表光滑。花顶生，型大，花瓣 4 枚，卵圆形，先端尖或圆钝。

商陆

Phytolacca acinosa

科名：商陆科　　属名：商陆属

形态特征：多年生草本，全株无毛，茎多分枝。叶片长椭圆形，先端尖，叶背有明显中脉凸起。花顶生，密生多花，苞片线形，花被片椭圆形，先端圆钝。

南庭芥

Aubrieta deltoidea var. *Macedonica*

科名：十字花科　　属名：南庭芥属

形态特征：多年生草本，丛生但不成垫状，有星状毛或叉状毛；叶小，全缘或有角状锯齿；总状花序顶生，花少而大，紫色、紫堇色或白色。花径 1.2cm，具浓香。

屈曲花

Iberis amara

科名：十字花科　　属名：屈曲花属

形态特征：一年生直立草本，茎有棱，棱上有毛。下部茎生叶匙形，全缘；上部茎生叶披针形，叶缘具疏齿。顶生总状花序，萼片和花瓣倒卵形。果有翅，裂瓣有条纹。

糖芥

Erysimum bungei

科名：十字花科　　属名：糖芥属

形态特征：一年或二年生直立草本，上部分枝。叶片长圆状披针形，基生叶全缘，茎上部叶的基部稍抱茎，叶缘具波状齿。顶生总状花序上多花，萼片长圆形，花瓣倒披针形，雄蕊伸出。

韭莲

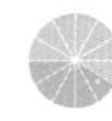

Zephyranthes grandiflora

科名：石蒜科　　属名：葱莲属

形态特征：多年生草本，鳞茎卵球状。叶数枚簇生，线形，扁平，先端尖，叶缘平滑。花单生于茎顶，花瓣 6 枚，倒卵形，先端尖。

垂笑君子兰

Clivia nobilis

科名：石蒜科　属名：君子兰属

形态特征：多年生草本，根灰白色。叶基部生长，深绿色，有光泽，先端尖，叶缘粗糙。伞形花序顶生，多花，开花时花稍下垂；花瓣狭漏斗形，先端稍尖或圆钝。

晚香玉

Polianthes tuberosa

科名：龙舌兰科　属名：晚香玉属

形态特征：多年生草本，茎直立。叶基部簇生，条形，先端尖，叶缘平滑。花聚集顶部，由上向下陆续开放，长圆状披针形，有芳香，夜晚香味更浓郁，有“夜来香”之称。

文殊兰

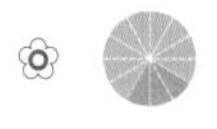

Crinum asiaticum var.*sinicum*

科名：石蒜科　属名：文殊兰属

形态特征：多年生草本，茎长圆柱形。叶条带状披针形，先端渐尖，叶缘呈波浪状无锯齿。花顶生，芳香，花茎笔直，花瓣狭长条状，向外弯曲开放。

朱顶红

Hippeastrum vittatum

科名：石蒜科　属名：朱顶红属

形态特征：多年生草本，鳞茎近球形。叶条带状，先端圆钝或稍尖，叶缘平滑。花顶生，花梗弯曲，花瓣长卵圆形，先端圆钝或稍尖，花丝红色。

肥皂草

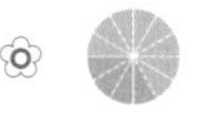

Saponaria officinalis

科名：石竹科　　属名：肥皂草属

形态特征：多年生草本，根茎多分枝。叶椭圆状披针形，顶端急尖，叶缘粗糙，两面无毛。花聚合生于顶部，花瓣楔状倒卵形，顶端圆钝或稍有凹口。

剪春罗

Lychnis coronata

科名：石竹科　　属名：剪秋罗属

形态特征：多年生草本，全株近无毛。叶片椭圆形倒卵状，先端尖，叶对生，两面无毛。花腋生，花梗极短，苞片披针形，有缘毛。蒴果长椭圆形。

剪秋罗

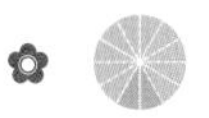

Lychnis senno

科名：石竹科　　属名：剪秋罗属

形态特征：多年生草本，全株有柔毛。根纺锤状，茎直立。叶片卵状披针形，顶端渐尖，有细毛。花顶生或生于叶腋，花瓣由先端分裂至中部呈狭线形。

圆锥石头花

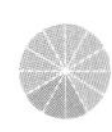

Gypsophila paniculata

科名：石竹科　　属名：石头花属

形态特征：多年生草本，根粗壮。叶披针形，顶端渐尖，叶缘平滑，有明显的中脉。圆锥状聚伞状花序，花型小，数量多，花瓣匙形，顶端圆钝。

瞿麦

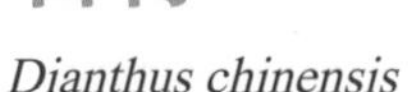

Dianthus superbus

科名：石竹科　　属名：石竹属

形态特征：多年生草本，茎直立丛生。叶狭披针形，先端急尖，叶缘平滑。花顶生，花瓣由先端开裂成卷曲丝状，内部瓣片宽倒卵形。

石竹

Dianthus chinensis

科名：石竹科　　属名：石竹属

形态特征：多年生草本，全株无毛。叶对生，线状披针形，顶端渐尖，叶缘有细锯齿，中脉明显。花单生枝端或数花集成聚伞状花序，花瓣倒卵状三角形，先端有不整齐锯齿。

香石竹

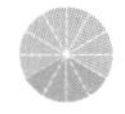

Dianthus caryophyllus

科名：石竹科　　属名：石竹属

形态特征：多年生草本，全株无毛。叶披针线形，顶端长尖，中脉明显向下凹。花单生于枝顶，颜色多样，有香味，花瓣倒卵形，先端有不规则锯齿。

大蔓樱草

Silene pendula

科名：石竹科　　属名：蝇子草属

形态特征：一年或二年生草本，全株有柔毛。叶长卵圆状披针形，先端尖或钝，叶缘平滑。聚伞状花序，花瓣由先端开裂成心形，裂片顶端圆钝。

使君子

Quisqualis indica

科名：使君子科　　属名：使君子属

形态特征：落叶藤本，小枝有柔毛。叶对生，长椭圆形，先端尖，基部圆钝，叶背有疏毛。穗状花序顶生，花瓣先端圆钝，初白后淡红。

荷

Nelumbo nucifera

科名：睡莲科　　属名：莲属

形态特征：多年生水生草本，根状茎横生。叶表深绿色，叶背灰绿色，圆形。花有香味，多层花瓣叠生，花瓣椭圆倒卵形，由外向内渐小。

萍蓬草

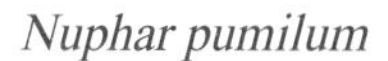

Nuphar pumilum

科名：睡莲科　　属名：萍蓬草属

形态特征：多年生水生草本，根状茎。叶卵形，先端圆钝，基部呈心形，叶表光亮无毛，叶背有柔毛。花顶生，花梗长，有柔毛，花瓣窄楔形。

王莲

Victoria amazonica

科名：睡莲科　　属名：王莲属

形态特征：多年生水生草本。叶片呈大圆盘状浮于水面，表面光滑，有褶皱，叶背紫红色。花单生，花瓣数多，呈层叠状开放，倒卵形，花梗粗壮。

红千层

Callistemon rigidus

科名：桃金娘科　　属名：红千层属

形态特征：小乔木，树皮灰褐色。叶片线形，先端尖锐，中脉在两面凸起，叶柄短。花序顶生呈穗状，多数丝状聚合，花瓣近卵形。蒴果半球形。

金丝梅

Hypericum patulum

科名：藤黄科　　属名：金丝桃属

形态特征：灌木，茎淡红色至橙色。叶披针长圆形，先端圆钝，叶缘平滑，叶表绿色，叶背苍白色。花呈伞房状花序，生于叶腋或顶部，花瓣向内弯。

金丝桃

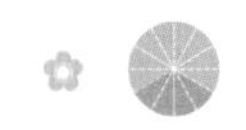

Hypericum monogynum

科名：藤黄科　　属名：金丝桃属

形态特征：灌木，茎红色。叶对生，倒披针形，先端锐尖至圆形，叶缘平坦，叶表绿色，叶背淡绿色。花序近伞房状，花瓣 5 枚，三角状倒卵形。

倒地铃

Cardiospermum halicacabum

科名：无患子科　　属名：倒地铃属

形态特征：攀缘藤本，茎、枝绿色。叶近菱形，顶端渐尖，叶缘有锯齿，叶背在叶脉处有疏毛。花顶生，花瓣倒卵形，乳白色。蒴果梨形，褐色。

栾

Koelreuteria paniculata

科名：无患子科　　属名：栾树属

形态特征：落叶乔木或灌木。叶对生或互生，卵状披针形，先端短尖，叶缘有锯齿。圆锥状花序顶生，带微香，花瓣开放时向外翻卷。

午时花

Pentapetes phoenicea

科名：梧桐科　　属名：午时花属

形态特征：一年生草本。叶戟状披针形，顶端渐尖，叶缘有锯齿。花生于叶腋，花瓣 5 枚，倒卵形，一般于中午开放，闭于次日清晨。蒴果近球形。

五福花

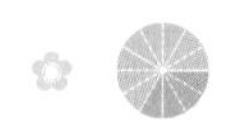

Adoxa moschatellina

科名：五福花科　　属名：五福花属

形态特征：多年生草本，根状茎横生。叶宽卵形，茎生叶对生，3 全裂，叶柄短。花少数几朵聚合顶生，呈头状花序，花瓣卵圆形，先端稍尖。核果球形。

鸡蛋果

Passiflora edulis

科名：西番莲科　　属名：西番莲属

形态特征：草质藤本，茎无毛。叶长椭圆形，先端尖或圆钝，叶缘有细锯齿，叶面有光泽。聚伞状花序退化成 1 朵，有卷须，花瓣长卵形，先端尖，有芳香。

夏天

西番莲科 仙人掌科 苋科

西番莲

Passiflora coerulea

科名：西番莲科　属名：西番莲属

形态特征：草质藤本。叶片卵状长圆形，无毛，叶缘呈小波浪状，先端尖或圆钝。花型大，花序退化单生一朵，苞片宽卵形，花瓣淡绿色。

昙花

Epiphyllum oxypetalum

科名：仙人掌科　属名：昙花属

形态特征：附生肉质灌木，老枝圆柱形。叶披针长圆形，先端急尖或圆钝，叶缘不平滑。花单生，漏斗状，在夜间开放，有芳香，花瓣倒卵状披针形。

千日红

Gomphrena globosa

科名：苋科　属名：千日红属

形态特征：一年生草本，茎粗壮，有灰毛。叶长椭圆形，先端尖或圆钝，叶缘波状无锯齿。花顶生呈球形或圆柱形花序，小苞片内面凹陷，先端尖。

鸡冠花

Celosia cristata

科名：苋科　属名：青葙属

形态特征：一年生草本，全株无毛。叶互生，先端渐尖，叶表有明显叶脉。花数多，扁平肉质鸡冠状或穗状，无香味，表面羽毛状。种子黑色有光泽。

千穗谷

Amaranthus hypochondriacus

科名：苋科　　属名：苋属

形态特征：一年生草本，茎有分枝。叶卵形，紫红色或绿色，顶端急尖，叶缘平滑或波状。圆锥花序顶生，花簇密集排列，苞片有长芒。

苋

Amaranthus tricolor

科名：苋科　　属名：苋属

形态特征：一年生草本，茎粗壮。叶卵圆形，颜色类别多，先端尖或圆钝，叶表粗糙。花生于腋下，呈下垂状穗状花序，苞片卵状披针形。

十大功劳

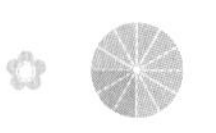

Mahonia fortunei

科名：小檗科　　属名：十大功劳属

形态特征：常绿灌木。叶对生，倒卵形至披针形，叶表深绿色，叶脉不明显，叶缘有不规则刺齿。花聚集呈穗状花序，腋生或顶生，花瓣长圆形。

黄芦木

Berberis amurensis

科名：小檗科　　属名：小檗属

形态特征：落叶灌木，老枝灰色或淡黄。叶倒卵状椭圆形，先端渐尖或圆钝，叶缘平滑，叶表暗绿色，叶背淡绿色。花生于侧枝，总状花序呈下垂状，花梗长。

沟酸浆

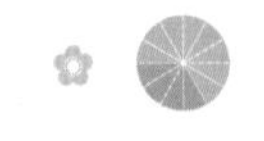

Mimulus tenellus

科名：玄参科　属名：沟酸浆属

形态特征：多年生草本，茎多分枝。叶片卵状三角形，先端急尖，叶缘有锯齿，叶柄长。花呈喇叭状，单生于叶腋，花冠漏斗状，有红色斑点。

胡麻草

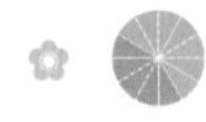

Centranthera cochinchinensis

科名：玄参科　属名：胡麻草属

形态特征：直立草本。叶对生，披针形，先端尖，叶缘平滑，叶表有明显中脉微向下凹。花单生，花丝被绵毛，花瓣卵圆形，5 枚。蒴果卵形。

夏堇

Torenia fournieri

科名：玄参科　属名：蝴蝶草属

形态特征：直立草本。叶片三角卵圆形，先端尖，叶缘有锯齿，叶表有明显叶脉，或凸显褶皱。花腋生或顶生，颜色多样，呈漏斗状，花萼膨大。

金鱼草

Antirrhinum majus

科名：玄参科　属名：金鱼草属

形态特征：多年生草本，茎基部有分枝。叶片由下向上对生渐变互生，披针状圆形，先端尖，边缘平缓。花聚生于顶端，呈总状花序，颜色丰富多样，裂片卵形。

柳穿鱼

Linaria vulgaris

科名：玄参科　　属名：柳穿鱼属

形态特征：多年生草本，茎叶无毛。叶通常互生，条状披针形，先端尖，叶缘无锯齿。花聚生茎顶，花冠黄色，分两唇瓣，上唇长于下唇。

毛地黄

Digitalis purpurea

科名：玄参科　　属名：毛地黄属

形态特征：一年或多年生草本。叶片长椭圆形，先端尖或圆钝，叶缘有圆齿，叶表粗糙。总状花序呈穗状，花萼钟状，内部有斑点，裂片短。

毛蕊花

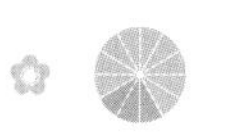

Verbascum thapsus

科名：玄参科　　属名：毛蕊花属

形态特征：二年生草本，全株有被毛。叶倒披针形，由下向上叶片渐小，先端尖或圆钝，叶表有明显纹脉。花呈穗状花序，顶生，花瓣卵圆形。蒴果圆形。

穗花婆婆纳

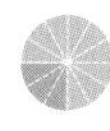

Veronica spicata

科名：玄参科　　属名：婆婆纳属

形态特征：茎单生或数枝丛生，下部常密生伸直的白色长毛，上部至花序各部密生黏质腺毛。叶对生，叶片长矩圆形，顶端急尖。花序长穗状，花冠紫色或蓝色，裂片稍开展，雄蕊略伸出。幼果球状矩圆形。

通泉草

Mazus japonicus

科名：玄参科　属名：通泉草属

形态特征：一年生草本，主根伸长，须根纤细。叶基生，卵状倒披针形，叶缘有不规则疏齿，先端钝。花生于叶腋，型小，花萼呈钟状，花瓣倒卵圆形。

香彩雀

Angelonia salicariifolia

科名：玄参科　属名：香彩雀属

形态特征：一年生草本，整株被腺毛。叶对生或上部有互生，无叶柄，长披针形，先端尖。花单生于叶腋，花梗细长，花瓣卵圆形。

小米草

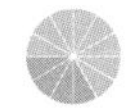

Euphrasia pectinata

科名：玄参科　属名：小米草属

形态特征：一年生草本，枝有白色柔毛。叶卵圆形，叶缘有急尖锯齿，两面有毛。花腋生，初期密集，后期疏离，花瓣先端有凹口。

打碗花

Calystegia hederacea

科名：旋花科　属名：打碗花属

形态特征：一年生草本， 全株无毛。基部茎叶长圆形，先端圆钝；上端叶裂开呈三角状，长圆状披针形。花腋生，呈漏斗状，瓣缘有细小波状齿。

葵叶茑萝

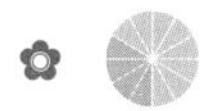

Quamoclit sloteri

科名：旋花科　属名：茑萝属

形态特征：一年生草本，茎无毛。叶掌状深裂，裂片呈披针形，先端尖。花腋生，呈漏斗状，小苞片近圆形，花瓣有纹脉，总花梗粗壮。蒴果圆锥形或球形。

牵牛花

Pharbitis nil

科名：旋花科　属名：牵牛属

形态特征：一年生缠绕草本，茎有短毛。叶片宽卵状，先端尖，基部心形，通常3裂。花腋生，呈喇叭状，花瓣不分裂，边缘有不规则波状齿，小苞片线形。

田旋花

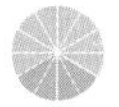

Convolvulus arvensis

科名：旋花科　属名：旋花属

形态特征：多年生草本，茎平卧或缠绕。叶卵状披针形，先端圆钝，两面有被毛或无毛。花腋生，呈漏斗状，花梗长，花瓣不分裂，边缘稍带浅波。

马鞍藤

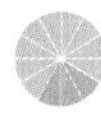

Ipomoea pes-caprae

科名：旋花科　属名：番薯属

形态特征：多年生草本，全株光滑。叶互生，宽椭圆形，先端由中间分裂凹口，形似蝴蝶翅膀。花腋生，聚伞状花序，呈漏斗状，苞片卵状披针形。

杜若

Pollia japonica

科名：鸭跖草科　　属名：杜若属

形态特征：多年生草本，茎直立上升不分枝。叶片长椭圆形，先端长尖，叶表粗糙。聚伞状花序一般集成圆锥花序，花梗有被毛，总苞片披针形。果球状，果皮黑色。

紫竹梅

Setcreasea purpurea

科名：鸭跖草科　　属名：鸭跖草属

形态特征：多年生草本，茎多分枝。叶互生，披针形，先端尖，叶缘无锯齿，叶片紫色。花腋生，单生或2朵聚生，花瓣3枚，卵圆状，先端微尖或圆钝。

鸭跖草

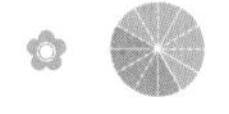

Commelina communis

科名：鸭跖草科　　属名：鸭跖草属

形态特征：一年生草本，匍匐茎多分枝。叶片披针形，先端尖，叶缘平滑。花与叶对生，花瓣2枚，卵圆形，先端稍尖或圆钝，边缘呈浅褶皱状。

蓝亚麻

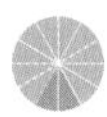

Linum perenne

科名：亚麻科　　属名：亚麻属

形态特征：多年生草本，根粗壮。叶互生，细小且多，狭线状披针形，先端尖，叶缘无锯齿。花顶生或腋生，花瓣5枚，花梗纤细。

亚麻

Linum usitatissimum

科名：亚麻科　属名：亚麻属

形态特征：一年生草本，直立茎。叶互生，线状披针形，先端尖，叶缘无锯齿。花单生枝顶或叶腋，聚伞状花序，花瓣5枚，卵圆形，先端钝。

地菍

Melastoma dodecandrum

科名：野牡丹科　属名：野牡丹属

形态特征：小灌木，茎呈匍匐状。叶椭圆形，先端急尖，叶缘平滑或有细小锯齿，叶表有明显纹脉。花顶生，花瓣5枚，卵圆形，中部微向下凹。

凤眼蓝

Eichhornia crassipes

科名：雨久花科　属名：凤眼蓝属

形态特征：浮水草本，须根发达，茎极短。叶宽卵形，先端圆钝，叶缘无锯齿，叶表深绿色，光亮无毛。穗状花序，花瓣卵形，顶部花瓣中间有黄色圆斑。

梭鱼草

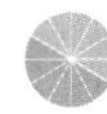

Pontederia cordata

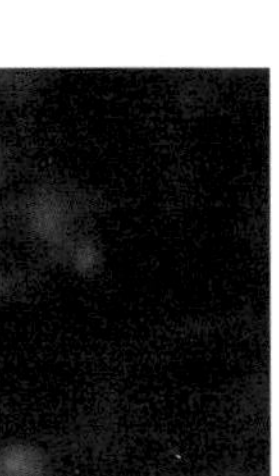

科名：雨久花科　属名：梭鱼草属

形态特征：多年生挺水或湿生草本植物。叶片型大，长椭圆披针状，先端圆钝或尖，叶缘平滑。花密集顶生，呈穗状花序，花瓣披针形，上下两瓣各有黄色斑点。

雨久花

Monochoria korsakowii

科名：雨久花科　属名：雨久花属

形态特征：水生草本，根茎粗壮，全株无毛。叶片卵状心形，先端长尖，叶缘无锯齿，叶表光滑。花顶生，有时密生成圆锥花序，花瓣长圆形。

白番红花

Crocus alatavicus

科名：鸢尾科　属名：番红花属

形态特征：多年生草本，茎球状扁圆形。叶片条形，先端尖，叶缘无锯齿微向内卷。花单生，花瓣6枚，卵圆形，先端圆钝或稍尖，半叠状开放。

射干

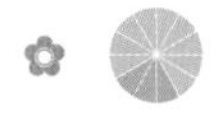

Belamcanda chinensis

科名：鸢尾科　属名：射干属

形态特征：多年生草本，多须根。叶互生，剑形，先端尖，叶缘平滑，无中脉。花顶生，花序有分枝，花瓣6枚，长椭圆形，先端圆钝或微尖，上面有紫褐色斑点。

唐菖蒲

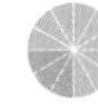

Gladiolus hybridus

科名：鸢尾科　属名：唐菖蒲属

形态特征：多年生草本，茎球状扁圆形。叶基生，呈剑形，先端长尖，边缘无锯齿，中脉突出。花顶生，长穗状花序，无花梗，花茎呈直立状。

白花马蔺

Iris lactea

科名：鸢尾科　　属名：鸢尾属

形态特征：多年生草本，根茎粗壮。叶基生，灰绿色，条形，先端尖，叶缘平滑。花顶生，花茎光滑无毛，花瓣倒披针形。蒴果长椭圆状柱形。

黄菖蒲

Iris pseudacorus

科名：鸢尾科　　属名：鸢尾属

形态特征：多年生草本，生于浅水中。叶基生呈剑形，灰绿色，先端长尖，叶缘平滑。花顶生，花茎粗壮，苞片膜质，披针形，外花被裂片卵圆形。

野鸢尾

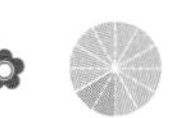

Iris dichotoma

科名：鸢尾科　　属名：鸢尾属

形态特征：多年生草本，根状茎呈不规则块状，根须发达。叶基生，或花茎叶互生，剑形，两面灰绿色，无明显中脉。花顶生，花瓣卵圆形，先端有缺口。

玉蝉花

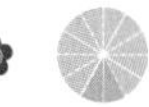

Iris ensata

科名：鸢尾科　　属名：鸢尾属

形态特征：多年生草本，根状茎粗壮。叶条形，先端尖，叶缘无锯齿，两面有明显中脉。花顶生，花茎圆柱形，苞片披针形，花被管漏斗形。

夏天 泽泻科 紫草科 紫茉莉科

慈姑

Sagittaria sagittifolia

科名：泽泻科　属名：慈姑属

形态特征：多年生水生草本，整株直立状。叶片戟形，先端尖，叶缘无锯齿，有些呈波浪状。花顶生或生于侧端，花瓣3枚，卵圆形，基部有深红色点或无。

玻璃苣

Borago officinalis

科名：紫草科　属名：玻璃苣属

形态特征：多年生草本，茎干圆柱形，有枝杈。叶片由下向上互相收缩，深绿色，有皱纹。花呈圆球状，花瓣5枚，卵圆形，先端尖，边缘平滑。

紫草

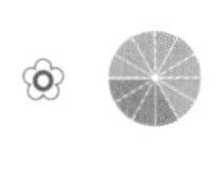

Lithospermum erythrorhizon

科名：紫草科　属名：紫草属

形态特征：多年生草本，茎直立。叶披针形，先端渐尖，叶缘平滑，两面有毛。花顶生或腋生，花型小，花瓣5枚，卵圆形，先端圆钝平滑。

紫茉莉

Mirabilis jalapa

科名：紫茉莉科　属名：紫茉莉属

形态特征：一年生草本，根倒圆锥形，粗壮。茎直立，多分枝。叶卵状心形，先端尖，叶缘无锯齿，两面无毛。花簇生枝顶，呈漏斗状，具有芳香。

粉花凌霄

Pandorea jasminoides

科名：紫葳科　　属名：粉花凌霄属

形态特征：落叶藤本。叶对生，叶片长椭圆形，先端尖或圆钝，叶缘光滑无锯齿，叶表无毛，有光泽。花单生，少数聚生，花瓣宽卵圆形。

蓝花楹

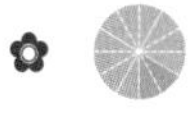

Jacaranda mimosifolia

科名：紫葳科　　属名：蓝花楹属

形态特征：落叶大乔木，树干胸径可达80cm。叶对生，椭圆状披针形，先端急尖，叶缘无锯齿。圆锥花序顶生，钟状，花丝无毛。果圆形或长圆形。

凌霄

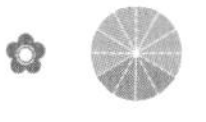

Campsis grandiflora

科名：紫葳科　　属名：凌霄属

形态特征：木质藤本，茎表皮脱落。叶卵状披针形，先端渐尖，叶缘有锯齿，两面均无毛。圆锥花序顶生，花瓣有褶皱，先端圆滑或有微波状。

梓树

Catalpa ovata

科名：紫葳科　　属名：梓属

形态特征：乔木，树干笔直，树冠伞形。叶对生，有时轮生，阔卵形，顶端尖，叶缘浅波浪状，两面粗糙，稍有疏毛或无毛。花顶生，花冠呈钟状。

红花酢浆草

Oxalis corymbosa

科名：酢浆草科　　属名：酢浆草属

形态特征：多年生直立草本。地下部分有球状鳞茎。叶基生；扁圆状倒心形，表面绿色；背面浅绿色。总花梗基生，二歧聚伞状花序，通常排列成伞形花序，萼片 5 枚，披针形；花瓣 5 枚，倒心形，淡紫色至紫红色；另 5 枚长至子房中部，花丝被长柔毛；子房 5 室，花柱 5，被锈色长柔毛，柱头 2 浅裂。花期 3~12 月。

阳桃

Averrhoa carambola

科名：酢浆草科　　属名：阳桃属

形态特征：乔木，树皮暗灰色，多分枝。叶互生，椭圆形，先端渐尖，叶缘无锯齿，叶表深绿色，叶背浅绿色。花密生成聚伞状圆锥花序，有淡香味，花瓣略向外卷。

秋天

Autumn

芭蕉

Musa basjoo

科名：芭蕉科　　属名：芭蕉属

形态特征：多年生丛生草本，高达 6m。叶片大，呈长圆形，鲜绿色，有光泽。雌雄同株，顶生花序呈下垂状，雄花在上，雌花在下；合生花的被片具齿裂。浆果肉质，三棱状长圆形。

玉簪

Hosta plantaginea

科名：百合科　　属名：玉簪属

形态特征：多年生草本，根状茎粗厚。叶丛生，叶片卵状心形，先端渐尖，叶缘呈微波状，叶表有明显脉络。花聚合顶生，外苞片卵状披针形，有香味。

紫苏

Perilla frutescens

科名：唇形科　　属名：紫苏属

形态特征：一年生草本。叶对生，绿色或紫色，圆卵形，先端长尖，叶缘有细锯齿，叶表粗糙有明显纹脉。花序呈穗状，顶生或腋生，无香味。小坚果近球形。

蝶豆

Clitoria ternatea

科名：豆科　　属名：蝶豆属

形态特征：攀缘草质藤本，茎上有毛会脱落。叶对生，宽椭圆形，先端微向内凹或圆钝，叶缘平滑，叶表有浅纹脉。花腋生，旗瓣宽倒卵形。荚果线条形扁平状。

翅荚决明

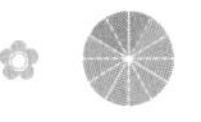

Cassia alata

科名：豆科　属名：决明属

形态特征：直立灌木，枝粗壮。叶对生，长椭圆形，先端圆钝或有微凹口，叶表有纹脉。花顶生或腋生呈穗状花序，花瓣卵圆形，有紫色脉纹，先端尖。

腊肠树

Cassia fistula

科名：豆科　属名：决明属

形态特征：落叶乔木，树皮幼时光滑，老时粗糙，暗褐色。叶对生，卵形或长圆形，先端短尖，叶缘平滑，两面有明显叶脉。花聚合呈总状花序，下垂状，与叶同时开放。

双荚决明

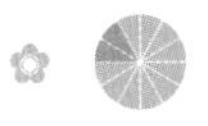

Cassia bicapsularis

科名：豆科　属名：决明属

形态特征：灌木，多分枝。叶对生，倒卵状长圆形，先端圆钝或微尖，叶表绿色，有细叶脉，叶被灰绿色，中脉明显凸出。花生于顶枝叶腋间，总状花序，花瓣卵圆形。

山扁豆

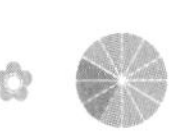

Chamaecrista mimosoides

科名：豆科　属名：山扁豆属

形态特征：一年生或多年生亚灌木状草本，茎多分枝。叶互生，小叶对生，狭线形，先端圆钝，边缘平滑。花生于叶腋，单一或数朵排成总状花序，花瓣 5 枚。

羊蹄甲

Bauhinia variegata

科名：豆科　　属名：羊蹄甲属

形态特征：落叶小乔木，枝幼时有毛。叶互生，近圆形，先端有分裂，裂片先端圆钝或稍尖，叶缘平滑，两面无毛。花聚合伞房花序生于枝端，花瓣 5 枚。

猪屎豆

Crotalaria spp.

科名：豆科　　属名：猪屎豆属

形态特征：多年生草本，茎上有毛。三出复叶，小叶片椭圆形，叶脉深。顶生总状花序，苞片线形，花萼钟状，前端 5 裂，花冠伸出，蝶形。荚果矩圆形。

红木

Bixa orellana

科名：红木科　　属名：红木属

形态特征：常绿灌木或小乔木，棕褐色枝有腺毛。叶互生，卵形，先端渐尖，叶缘无锯齿，叶表无毛。花顶生，圆锥花序，花瓣 5 枚，倒卵形。蒴果近球形。

草绣球

Cardiandra moellendorffii

科名：虎耳草科　　属名：草绣球属

形态特征：常绿灌木或小乔木，茎稍带纵向条纹。叶互生，倒长卵形，先端渐尖，叶缘有细锯齿，两面均有明显脉络。聚伞状花序顶生，花瓣宽椭圆形。

马桑绣球

Hydrangea aspera

科名：虎耳草科　　属名：绣球属

形态特征：灌木或小乔木，枝圆柱状，树皮褐色。叶长椭圆形，先端尖，叶缘有不规则小齿，叶表有伏毛，叶背有明显叶脉。花生于叶腋或小枝端，聚伞状花序，花瓣长卵形。

姜花

Hedychium coronarium

科名：姜科　　属名：姜花属

形态特征：多年生草本，茎高可达 2m。叶片长圆状披针形，先端渐尖，叶缘平滑，稍向内卷，叶表光滑，叶背有柔毛。花呈穗状花序顶生，有芳香。

木芙蓉

Hibiscus mutabilis

科名：锦葵科　　属名：木槿属

形态特征：落叶灌木或小乔木。叶片宽卵圆形，裂片三角形，先端尖，边缘有锯齿，两面均有毛。 花单生于枝端叶腋，花瓣近圆形，层叠开放或无规则开放。

黄葵

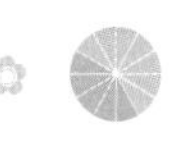

Abelmoschus moschatus

科名：锦葵科　　属名：秋葵属

形态特征：一年或二年生草本，茎有硬毛。叶片掌状开裂，先端尖，叶缘有细锯齿，两面有疏硬毛。花单生叶腋，花瓣 5 枚，倒卵圆形，内基部呈暗紫色。

黄蜀葵

Abelmoschus manihot

科名：锦葵科　属名：秋葵属

形态特征：一年或多年生草本，直立茎。叶片呈掌状开裂，裂片长圆状披针形，先端尖，边缘有锯齿，两面有疏硬毛。花生于枝端叶腋，花瓣 5 枚，旋转状开放。

八宝

Hylotelephium erythrostictum

科名：景天科　属名：八宝属

形态特征：多年生直立草本，具块根。叶片卵状长圆形，叶缘具锯齿。顶生花序呈伞房状，密生。萼片 5 枚，卵形。花瓣 5 枚，长圆形，雄蕊与花瓣等长，伸出。

瓦松

Orostachys fimbriatus

科名：景天科　属名：瓦松属

形态特征：二年生草本。叶互生，初年时呈莲座状，肉质，线状披针形，先端钝，表皮光滑。花密集成穗状花序，由上向下形成金字塔形，苞片线状渐尖。

鸡蛋参

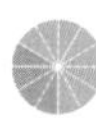

Codonopsis convolvulacea

科名：桔梗科　属名：党参属

形态特征：多年生草本，根块状，近卵球形。叶互生或对生，宽卵圆形，顶端钝或尖，叶缘无锯齿或带波状钝齿。花单生于侧枝顶端或主茎上，裂片狭三角形。

羊乳 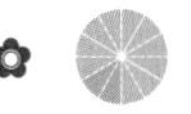

Codonopsis lanceolata

科名：桔梗科　属名：党参属

形态特征：多年生攀缘草本，全株光滑无毛，茎叶偶生疏毛。小枝叶对生或轮生，窄卵形或椭圆形，先端尖，叶缘有时有锯齿。花生于小枝顶端，花瓣向外翻卷。

桔梗  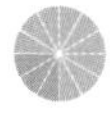

Platycodon grandiflorus

科名：桔梗科　属名：桔梗属

形态特征：多年生草本，茎直立，无毛或密被短毛。叶轮生或互生，卵状椭圆形，先端急尖，叶缘平滑，两面无毛。花单生于顶或数朵聚集成圆锥花序，花冠呈漏斗状钟形。

大丽花  

Dahlia pinnata

科名：菊科　属名：大丽花属

形态特征：多年生草本，茎多分枝。叶片长椭圆形，先端尖，叶缘有细锯齿，两面均无毛。花通常顶生，呈头状花序，花瓣颜色丰富，层叠开放，花型大。

菊芋 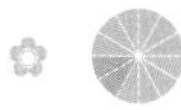

Helianthus tuberosus

科名：菊科　属名：向日葵属

形态特征：多年生草本，地下茎块状。叶通常对生，长卵形，先端细尖，叶缘有锯齿，两面均有毛。花生于顶部，花瓣狭长披针形，先端尖或圆钝。

一点红

Emilia sonchifolia

科名：菊科　属名：一点红属

形态特征：一年生草本，茎直立或斜生。叶长圆状披针形，先端圆钝，叶缘有不规则锯齿，叶表深绿色，叶背常为紫色。花顶生，开放前下垂状，开放后变直立状。

荷兰菊

Aster novi-belgii

科名：菊科　属名：紫菀属

形态特征：多年生草本，须根多，茎多分枝。叶片呈线状披针形，先端尖，叶缘光滑无毛。花生于枝顶，呈伞房花序，花多而密，披针形，先端圆钝或尖。

寒兰

Cymbidium kanran

科名：兰科　属名：兰属

形态特征：地生植物，茎狭卵球形。叶长条披针形，先端尖，叶缘平滑，叶背有出中脉。花通常疏散分布在枝端，花瓣唇形，有香味，萼片近线形。

墨兰

Cymbidium sinense

科名：兰科　属名：兰属

形态特征：地生植物，花茎直立。叶片基部丛生，带形，先端渐尖，叶缘平滑，叶表无毛有光泽。花呈穗状花序顶生，花瓣短而宽，有香味。

绶草

Spiranthes sinensis

科名：兰科　　属名：绶草属

形态特征：多年生草本，茎较短，根肉质。叶片基生，宽线状披针形，先端急尖，叶表光滑。花茎直立，花序密集聚合生长于顶部，花苞片卵状披针形，呈螺旋状向上开放。

天鹅兰

Cycnoches chlorochilon

科名：兰科　　属名：天鹅兰属

形态特征：多年生草本。叶缘长条状披针形，先端尖，叶缘无锯齿。花茎长而弯曲，形似天鹅颈部。花生于花茎两侧，有香味，花瓣卵圆形，先端尖。

大花万代兰

Vanda coerulea

科名：兰科　　属名：万代兰属

形态特征：附生草本，茎粗壮。叶片带状，先端尖，或圆钝，叶缘平滑无锯齿。花顶生，花苞片宽卵形，先端圆钝，花瓣倒卵形，先端圆形，部分品种会有斑点。

竹叶兰

Arundina graminifolia

科名：兰科　　属名：竹叶兰属

形态特征：多年生草本，地下根状茎卵球形。叶片线状披针形，先端尖，叶缘平滑无锯齿，微向内卷。花序顶生，型小，花苞片宽卵状三角形，唇瓣轮廓近长圆形。

钟花蓼

Polygonum campanulatum

科名：蓼科　　属名：蓼属

形态特征：多年生草本，茎近直立，有疏毛。叶宽披针形，先端渐尖，两面有疏毛，叶脉较密集。花序圆锥状，型小，苞片长卵形，边缘有疏毛，顶端尖。

喉毛花

Comastoma pulmonarium

科名：龙胆科　　属名：喉毛花属

形态特征：一年生草本，茎直立有分枝。基生叶，数量少，矩圆状匙形，先端圆钝；茎生叶卵状披针形，先端尖。花顶生，花瓣5枚，三角形或窄椭圆形，先端尖。

头花龙胆

Gentiana cephalantha

科名：龙胆科　　属名：龙胆属

形态特征：多年生草本，主茎发达粗壮，分枝多。叶片狭椭圆形，先端尖或钝，叶缘微外卷，两面有明显叶脉。花顶生，呈杯状，花瓣先端尖，无毛。

苞花大青

Clerodendrum bracteatum

科名：马鞭草科　　属名：大青属

形态特征：灌木或小乔木，小枝略呈四棱形。叶片宽卵形，先端渐尖，叶缘少数有浅锯齿，两面均有黄棕色短柔毛。聚伞状花序密生，苞片卵形至椭圆形。

海通

Clerodendrum mandarinorum

科名：马鞭草科　　属名：大青属

形态特征：乔木或灌木，幼枝有绒毛。叶片卵状椭圆形，先端渐尖，基部近心形或稍偏斜，叶缘稍平滑，两面均有柔毛。花呈聚伞状花序顶生，有香味。

马兜铃

Aristolochia debilis

科名：马兜铃科　　属名：马兜铃属

形态特征：多年生缠绕草本，茎无毛。叶互生，三角状卵形，先端圆钝或稍尖，叶缘平滑，叶表光滑无毛。花生于叶腋，小苞片三角形，花被基部膨大呈球形，上部收缩成管状口。

女萎

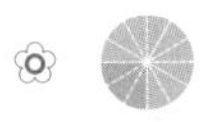

Clematis apiifolia

科名：毛茛科　　属名：铁线莲属

形态特征：木质藤本，小枝有柔毛。叶宽卵形，先端渐尖，叶缘有不规则锯齿，两面有疏毛。花顶生或腋生，圆锥状聚伞状花序多花，苞片宽卵圆形。

乌头

Aconitum carmichaelii

科名：毛茛科　　属名：乌头属

形态特征：多年生草本，块根倒圆锥形。叶片轮廓五角形，3 裂，中央全裂片宽菱形，先端尖，叶缘有不规则锯齿。总状花序顶生，花梗有密被贴毛，苞片狭卵形。

秋牡丹

Anemone hupehensis

科名：毛茛科　属名：银莲花属

形态特征：多年生草本植物，茎垂直或斜。叶宽卵形，先端急尖，叶缘有锯齿，两面有疏毛。花顶生，花萼片倒卵形，花梗上有密集或疏散柔毛。

大花美人蕉

Canna generalis

科名：美人蕉科　属名：美人蕉属

形态特征：草本花卉，茎、叶均有白粉。叶片椭圆形，先端尖，叶缘平滑，叶表中脉明显。花顶生，花型大，花冠披针形，唇瓣倒卵状匙形。

美丽异木棉

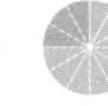

Ceiba speciosa

科名：木棉科　属名：吉贝属

形态特征：乔木，树皮绿褐色，光滑，树干笔直。叶互生，长椭圆形，先端尖，叶缘上半部分有锯齿。花型大，腋生枝端，带微香，花瓣5枚，边缘波状略外卷。

木樨

Osmanthus fragrans

科名：木樨科　属名：木樨属

形态特征：常绿灌木或小乔木，树皮灰褐色。叶片椭圆形，先端尖，叶缘无锯齿或上部疏生细锯齿。花聚合密生呈伞状花序，苞片宽卵形，花香味浓郁。

秋天 毛茛科 美人蕉科 木棉科 木樨科

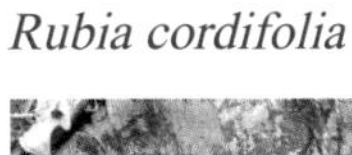

茜草

Rubia cordifolia

科名: 茜草科　　属名: 茜草属

形态特征: 攀缘草本，根状茎细长。叶轮生，叶片心脏卵形，先端渐尖或钝，叶缘有锯齿，两面粗糙，叶柄有倒刺。聚散花序腋生或顶生，花冠近卵形。

地榆

Sanguisorba officinalis

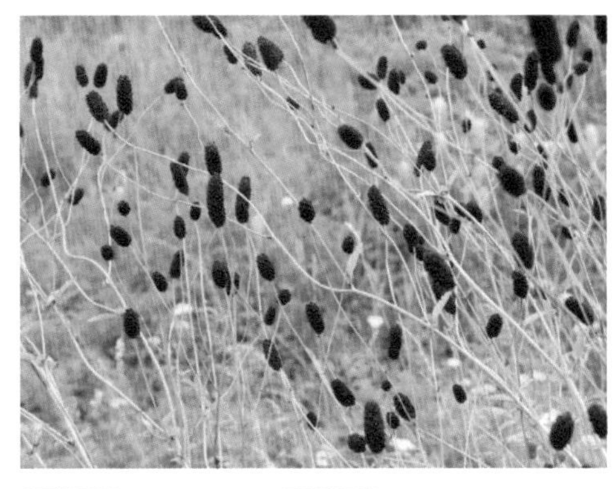

科名: 蔷薇科　　属名: 地榆属

形态特征: 多年生草本，根粗状，有横裂纹。小叶椭圆形，先端圆钝，少量尖，叶缘有锯齿，两面绿色均无毛。穗状花序顶生，花梗光滑偶有疏腺毛。

糯米条

Abelia chinensis

科名: 忍冬科　　属名: 六道木属

形态特征: 灌木，嫩枝红褐色，树皮有纵向裂纹。叶片卵形，先端急尖，叶缘有锯齿，两面均有被毛。聚伞状花序生于小枝叶腋，有芳香，花冠漏斗状。

大头茶

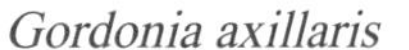

Gordonia axillaris

科名: 山茶科　　属名: 大头茶属

形态特征: 乔木，幼枝粗壮。长椭圆状，先端短尖，叶缘上部有锯齿，下部平滑，稍外卷。花生于枝顶叶腋，花瓣5枚，阔倒卵形，花柱有柔毛。

葱莲

Zephyranthes candida

科名：石蒜科　属名：葱莲属

形态特征：多年生草本。叶基部丛生，线形，肥厚，叶表光滑无毛。花单生顶部，花茎空心，花瓣6枚，长披针形，先端尖，边缘稍向内卷。

忽地笑

Lycoris aurea

科名：石蒜科　属名：石蒜属

形态特征：多年生草本，鳞茎卵形。叶剑形，先端尖，中间色带明显，颜色偏浅。花顶生，苞片披针形，花被倒披针形，花丝黄色。蒴果具三棱。

换锦花

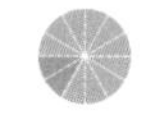

Lycoris sprengeri

科名：石蒜科　属名：石蒜属

形态特征：多年生草本。叶绿色，带状，先端钝，叶缘平滑，多数簇生。聚伞形花序顶生，花瓣4~6枚，向外微翻卷，呈喇叭状。

石蒜

Lycoris radiata

科名：石蒜科　属名：石蒜属

形态特征：多年生草本，鳞茎球形。叶狭带状，顶端钝，深绿色，中间有粉绿色带。花顶生，呈伞形花序，苞片披针形，花被裂片披针形，向外弯，边缘皱波状。

木麒麟

Pereskia aculeata

科名：仙人掌科　　属名：木麒麟属

形态特征：攀缘灌木，表皮灰褐色，有纵向裂纹。叶片宽椭圆形，先端急尖，叶缘无锯齿，叶表绿色，叶背绿色至紫色。圆锥花序生于分枝，有芳香，萼片倒卵形。

毛麝香

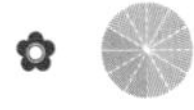

Adenosma glutinosum

科名：玄参科　　属名：毛麝香属

形态特征：多年生直立草本，具分枝。叶片椭圆形或卵状披针形，叶缘有锯齿。花常单朵腋生，或在茎顶密生成总状花序，苞片叶状，小苞片条形，花萼 5 深裂，花冠 2，唇形，上唇卵圆形，下唇 3 裂。

陌上菜

Lindernia procumbens

科名：玄参科　　属名：母草属

形态特征：多年生草本，分枝多。叶片椭圆形，有不明显的锯齿，花单生于叶腋，萼基部合生，窄披针形，前端裂片 5 枚，花冠 2，唇形，上唇 2 浅裂，下唇较大，具 3 裂。

中华石龙尾

Limnophila chinensis

科名：玄参科　　属名：石龙尾属

形态特征：草本，节上生根。叶片狭披针形，基部稍抱茎，叶缘具锯齿。花在叶腋单生或多朵顶生，呈圆锥花序，花冠管筒状，前端 5 裂，裂片卵圆形。

月光花

Calonyction aculeatum

科名：旋花科　　属名：月光花属

形态特征：一年生草本，茎上有软刺。叶片卵状，基部心形，前端渐尖。晚上开花，有香味，花序总状，萼片卵状，上有长芒，花冠大，稍带绿色，冠檐有5浅裂，裂片圆形。

番红花

Crocus sativus

科名：鸢尾科　　属名：番红花属

形态特征：多年生草本，具扁圆球状的茎。叶片生于基部，线状，叶缘稍内卷。花茎极短，上有1~2朵花，花被6裂，裂片倒卵形，成两轮排列。

雄黄兰

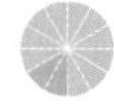

Crocosmia crocosmiflora

科名：鸢尾科　　属名：雄黄兰属

形态特征：多年生草本，球茎扁圆球形。基生叶剑形，基部鞘状，抱茎；茎生叶披针形，较小。花序疏生成穗状，花被管稍弯曲，裂片6枚，披针形。

猫尾木

Dolichandrone cauda-felina

科名：紫葳科　　属名：猫尾木属

形态特征：乔木，植株高10m左右。奇数羽状复叶，小叶片长圆形，偶有斜生，两面无毛。顶生花序总状，花萼上密被毛，花冠漏斗状，前端裂片椭圆形。

冬天

Winter

鹤望兰

Strelitzia reginae

科名：旅人蕉科　属名：鹤望兰属

形态特征：多年生草本，茎近无。叶柄长，叶片大，卵状长椭圆形，下部叶缘波状。花顶生或腋生，托叶佛焰苞状，船形，萼片披针形，花形奇特，在基部有裂片。

白花丹

Plumbago zeylanica

科名：白花丹科　属名：白花丹属

形态特征：常绿直立半灌木，分枝多。叶片长卵形，边缘波状或具不明显锯齿。花序穗状，排列成总状，花较小，花冠冠檐5裂，裂片倒卵形，前端短尖。

点地梅

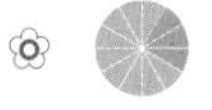

Androsace umbellata

科名：报春花科　属名：点地梅属

形态特征：一年或二年生草本，密生须根。叶片生于基部，近圆形，叶缘有齿，两面有毛。多个花葶从叶丛中抽出，每个花葶上都生有伞状花序，花萼杯状，花冠前端裂片倒卵形。

仙客来

Cyclamen persicum

科名：报春花科　属名：仙客来属

形态特征：多年生草本，球茎扁球形。叶心脏形，叶柄较长，叶缘有小锯齿。花葶从块茎抽出，较高，花萼具深裂，裂片三角形，花冠管半卵状，前端裂片长圆状披针形。

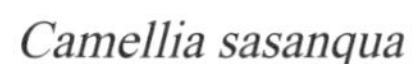

茶梅

Camellia sasanqua

科名：山茶科　属名：山茶属

形态特征：小乔木，小枝上有毛。叶片革质，椭圆形，叶缘有细锯齿。花单朵腋生或顶生，花苞和萼片各 6 枚，有毛，花瓣 6 枚，宽倒卵形，近离生。

山茶

Camellia japonica

科名：山茶科　属名：山茶属

形态特征：常绿灌木或小乔木，枝条无毛。叶片革质，发亮，椭圆形，叶缘有锯齿。花单朵顶生，杯状苞被半圆形，外层花瓣离生，内层花瓣倒卵形。

一品红

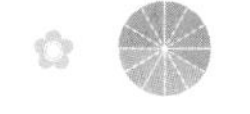

Euphorbia pulcherrima

科名：大戟科　属名：大戟属

形态特征：落叶灌木，多分枝。叶片披针形，叶缘全缘或波状浅裂。苞叶 5~7 枚，狭椭圆形，全缘，朱红色或白色，叶脉深刻。杯状花序顶生，总苞坛形，雄蕊伸出。

紫云英

Astragalus sinicus

科名：豆科　属名：黄耆属

形态特征：越年生草本，分枝多。奇数羽状复叶，小叶椭圆形或倒卵形，全缘。伞形花序，腋生或顶生，苞片卵状三角形，萼片钟状。

吊钟花

Enkianthus quinqueflorus

科名：杜鹃花科　　属名：吊钟花属

形态特征：落叶灌木，分枝多。叶片在枝顶密生，椭圆形，全缘。伞房花序生于枝顶，苞叶红色，苞片匙形，萼片 5 裂，花冠钟状，前端 5 裂，开花时张开或外卷。

常山

Dichroa febrifuga

科名：虎耳草科　　属名：常山属

形态特征：落叶灌木，小枝四棱形，紫红色。叶片宽窄变化大，从椭圆形到披针形都有，叶缘有锯齿。伞房花序顶生成圆锥花序，花萼 4~6 裂，裂片阔三角形；花瓣卵状长圆形，盛开时向后反折。

瑞木

Corylopsis multiflora

科名：金缕梅科　　属名：蜡瓣花属

形态特征：落叶或半常绿灌木，枝条灰褐色。叶片倒卵状长圆形，先端渐尖，叶缘有锯齿。腋生花序总状，总苞状鳞片卵形，小苞片卵形，花瓣披针形，雄蕊伸出。

蜀葵

Althaea rosea

科名：锦葵科　　属名：蜀葵属

形态特征：二年生草本，茎可长至2m。叶片近圆心形，掌状5~7浅裂，裂片三角形。腋生花序总状，苞片叶状，小苞片杯状，花萼钟状，花瓣三角状倒卵形，前端皱褶或稍凹。

落地生根

Bryophyllum pinnatum

科名：景天科　　属名：落地生根属

形态特征：多年生草本，茎有分枝。小叶卵形至长椭圆形，先端钝，叶缘有钝齿。圆锥状花序顶生，花圆柱筒状，下垂，萼片卵状披针形，花丝长。

非洲菊

Gerbera jamesonii

科名：菊科　　属名：大丁草属

形态特征：多年生草本，须根粗。叶片在基部呈莲花座状生长，长圆形或卵状长圆形，叶缘有羽状分裂或深裂。花葶从基部抽出，单生头状花序，总苞钟形，舌状花长圆形，管状花较短。

假杜鹃

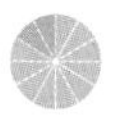

Barleria cristata

科名：爵床科　　属名：假杜鹃属

形态特征：灌木，分枝多。叶片卵形或椭圆形，边缘无锯齿，长枝上的叶片较早落，短枝上的叶片较小。花在短枝的分枝上密集生长，苞片叶形，小苞片线形，花冠管圆筒状，冠檐 5 裂。

鸭嘴花

Adhatoda vasica

科名：爵床科　　属名：鸭嘴花属

形态特征：灌木，枝条灰色，上有皮孔。叶片变化大，从卵形到披针形都有，边缘无锯齿。花序穗状，苞片阔卵形，萼片 5 裂，裂片长披针形，花冠管卵形。

金鱼吊兰

Nematanthus wettsteinii

科名：苦苣苔科　　属名：袋鼠花属

形态特征：多年生草本，基部半木质。叶片卵状，稍肉质，全缘。花单朵腋生，萼片5枚，花冠唇状，下部膨大似鱼肚，前端5裂，裂片三角形。

蜡梅

Chimonanthus praecox

科名：蜡梅科　　属名：蜡梅属

形态特征：落叶灌木，枝条灰褐色，有皮孔。叶片椭圆形或卵状披针形，全缘。花先叶开放，有香味，腋生于二年枝上，花被片匙形或圆形。

虎头兰

Cymbidium hookerianum

科名：兰科　　属名：兰属

形态特征：多年生草本，有狭卵形的假鳞茎。叶片条形，叶缘全缘，前端急尖。花序总状，苞片卵状三角形，萼片长圆形，花瓣窄长圆形，唇瓣近圆形，前端3裂，中裂片稍外卷，侧裂片直立。

春兰

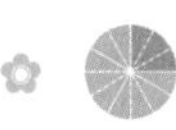

Cymbidium goeringii

科名：兰科　　属名：兰属

形态特征：地生植物，卵圆状的假鳞茎稍小。叶片线形，下部常对折呈“V”形。花葶直立，从假鳞茎上抽出，花单生，萼片狭长圆形，花瓣卵状长圆形，唇瓣近卵形，前端3裂。

大花蕙兰

Cymbidium hybrid

科名：兰科　属名：兰属

形态特征：多年生草本，有粗壮的假鳞茎。叶片丛生，剑形，革质，全缘。花葶从假鳞茎中抽出，多花组成总状花序，花大，萼片和花瓣离生。

美花兰

 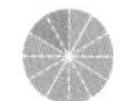

Cymbidium insigne

科名：兰科　属名：兰属

形态特征：地生或附生，假鳞茎球状。叶片带形，先端渐尖，全缘。花葶粗壮，稍外弯，多花组成总状花序，苞片三角形，花瓣长圆形，唇瓣 3 裂，裂片上有斑点。

冬红

Holmskioldia sanguinea

科名：马鞭草科　属名：冬红属

形态特征：常绿灌木，小枝上有毛。叶片卵形或阔卵形，边缘具锯齿。顶生聚伞状花序呈圆锥状，花萼从花梗基部向上扩展成宽圆锥状碟形，花冠上有腺点。

密蒙花

 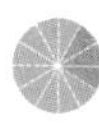

Buddleja officinalis

科名：马钱科　属名：醉鱼草属

形态特征：灌木，小枝灰褐色。叶片卵状披针形或长圆状披针形，全缘。花多朵密生成圆锥花序，排列成聚伞状花序，小苞片披针形，花萼钟形，花冠管圆筒状，前端裂片卵圆形。

铁线莲

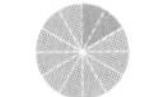

Clematis florida

科名：毛茛科　　属名：铁线莲属

形态特征：草质藤本，茎节部膨大。二回三出复叶，小叶片卵形或卵状披针形，近全缘。花单生叶腋，苞片叶状，小苞片三角状卵形，萼片倒卵状匙形。

野迎春

Jasminum mesnyi

科名：木樨科　　属名：素馨属

形态特征：常绿直立亚灌木，枝条向下弯垂。三出复叶，枝条基部有单叶，小叶长卵形，边缘微外卷。单花生于叶腋，花萼钟状，花冠漏斗状，前端裂片长卵形。

梅

Prunus mume

科名：蔷薇科　　属名：李属

形态特征：落叶乔木，树皮平滑。叶片阔卵形或卵形，边缘有小锯齿。先花后叶，花常 1~2 朵生于一芽，萼筒宽钟状，萼片近卵形，花瓣倒卵形。

钟花樱桃

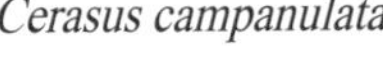

Cerasus campanulata

科名：蔷薇科　　属名：樱属

形态特征：落叶灌木或小乔木，树皮灰褐或紫褐色。叶片卵状椭圆形，边缘有锐锯齿。先花后叶，2~4 朵花组成伞状花序，总苞长椭圆形，萼筒钟状，花瓣倒卵状长椭圆形，前端凹缺。

【索引】

M

N

O

P

Q

R

S

T